HF325256

LAITERIE

BEURRE ET FROMAGES

PARIS. — IMP. SIMON RAÇON ET COMP., RUE D'ERFURTH, 1.

LAITERIE

BEURRE et FROMAGES

PAR

FÉLIX VILLEROY

CULTIVATEUR A RITTERSHOF

PARIS

LIBRAIRIE AGRICOLE DE LA MAISON RUSTIQUE

26, RUE JACOB, 26

—

Droits de traduction et de reproduction réservés.

1863

LAITERIE

BEURRE — FROMAGE

PREMIÈRE PARTIE

DU LAIT

CHAPITRE PREMIER

IMPORTANCE DE LA PRODUCTION DU LAIT

Il n'y a point d'exploitation agricole qui soit absolument sans vaches.

La laiterie n'est pas toujours une branche importante de l'économie rurale, mais au moins elle est toujours un objet intéressant pour le ménage champêtre. Dans bon nombre de cas, notamment à proximité des grands centres de population, la laiterie, quand elle est bien dirigée, peut devenir une source importante de bénéfices.

Je crois que l'agriculture française entretient généralement trop peu de vaches. Le laitage fournit un aliment sain et agréable, qui diminue la consommation du pain; les vaches produisent du fumier qui augmente la fertilité des terres, double motif pour que le cultivateur ait plus de grains à vendre.

Dans bien des positions, grâce à la rapidité des communications par les chemins de fer, la vente du lait ou du beurre offre des profits qui ne sont pas à dédaigner.

Partout où l'on peut vendre régulièrement une quantité un peu considérable de lait frais, je regarde la laiterie comme le moyen le plus simple de tirer des bêtes à cornes le produit le plus élevé. Une bonne vache, de taille moyenne, c'est-à-dire pesant environ six cents kilogrammes, bien nourrie, doit donner par an trois mille litres de lait, qui, à dix centimes, font chaque année trois cents francs par vache.

Bien des ménagères allemandes entretiennent avec les produits de la laiterie leurs enfants et leur ménage.

En Saxe, dans les grandes fermes, c'est la maîtresse qui a, comme dans les petites exploitations, outre la direction du ménage, celle de la laiterie et des vaches, dont le nombre est souvent de trente, quarante et plus. On trouve, nous dit Schmalz, occupées à laver elles-mêmes le beurre, la femme du propriétaire-cultivateur comme celle du fermier, et souvent ce sont des dames distinguées par leur éducation et leurs manières.

Les femmes coopèrent ainsi activement à la direction et à la prospérité de l'établissement; elles ont des occupations qui conviennent très-bien à leur sexe, et qui sont à la fois agréables et utiles.

En France, les femmes ne se livrent pas avec autant de goût aux travaux de la vie rurale. L'éducation qu'on leur donne les attire à la ville beaucoup plus qu'à la campagne. Il y en a cependant qui ne dédaignent pas de prendre sous leur direction la surveillance intérieure d'une exploitation rurale; la basse-cour et toutes les dépendances de la laiterie rentrent dans leurs attributions. Elles s'en acquittent à merveille, sans abdiquer pour cela les grâces qui les font rechercher dans les salons des grandes villes.

Je le répète, la laiterie est une branche d'industrie rurale qui mérite la plus grande attention.

L'homme ne possède aucun autre moyen d'obtenir une aussi grande quantité de nourriture animale d'une même étendue de terrain. La production de cette espèce d'aliment est immense dans les Iles-Britanniques, dont l'agriculture nous est si souvent offerte en exemple, et sa valeur totale forme une partie considérable de la richesse annuellement obtenue du sol.

Il n'est aucune classe de la société qui ne fasse plus ou moins usage du lait ou des produits qu'on en retire. Le fromage peut paraître superflu pour ceux qui consomment en abondance d'autres matières animales; cependant on le trouve toujours sur les tables les mieux servies. Dans les classes pauvres, il fait partie de la nourriture habituelle; c'est la base de l'alimentation de l'ouvrier des champs; aussi la consommation de cette substance est-elle très-considérable.

Le beurre est employé dans presque tous les ménages, et en énorme proportion, pour remplacer l'huile, qui joue un si grand rôle dans la cuisine des pays méridionaux.

Enfin, le lait lui-même entre dans le régime alimentaire de toutes les classes, avec cette particularité qu'on en consomme beaucoup plus dans les campagnes que dans les villes.

CHAPITRE II

ORGANES SÉCRÉTEURS DU LAIT

———

Avant de parler du lait et de ses divers emplois, je dirai en peu de mots la manière dont il est produit, et j'entrerai dans quelques détails sur cette partie si importante de la vache laitière, le pis, d'où sort immédiatement le lait. Tout éleveur intelligent doit être curieux de connaître la structure et les fonctions de cet organe.

J'emprunte une grande partie des détails dans lesquels je vais entrer à l'excellent ouvrage : *The book of the Farm*, par Stephens, et à la *Revue agricole de l'Angleterre*, par M. de la Tréhonnais, qui lui-même a eu recours au travail du docteur James Beart Simonds, professeur de pathologie au collége vétérinaire de Londres.

Place qu'occupent les mamelles et leur nombre. — Les glandes mammaires appartiennent à tous les animaux à sang chaud et sont placées intérieurement dans la partie du corps la plus commode pour la succion des jeunes animaux, et en même temps la plus abritée et la mieux défendue contre les atteintes d'objets extérieurs et contre les accidents.

Le nombre des mamelles varie selon l'espèce des animaux ; et, jusqu'à une certaine limite, il indique le nombre de petits auxquels une femelle peut donner naissance à la fois. La jument, la brebis, la chèvre, n'ont que deux mamelles, la vache en a quatre, la chienne en a dix ou douze, et la truie jusqu'à seize ou dix-huit. La jument, la brebis, la vache, ne font ordinairement qu'un petit ; si elles sont pourvues de deux ou de quatre mamelles, n'est-ce pas une précaution de la bonne nature, qui a voulu que la nourriture, et par conséquent l'existence du nouveau-né, fût assurée dans le cas où un accident pourrait tarir les sources de la vie dans une partie de l'appareil de la sécrétion laitière.

Le pis de la vache est formé de glandes. — Le pis de la vache est formé de quatre glandes distinctes et séparées l'une de l'autre, bien que unies par une membrane extérieure, la seule qui leur soit commune. Il est donc possible qu'une de ces glandes s'atrophie sans que les autres soient affectées.

Les glandes sont séparées et isolées l'une de l'autre par une extension du tissu fibreux, qui part des parois de l'abdomen et s'étend entre les quatre glandes en les enveloppant complétement, de manière à les recevoir et à les retenir attachées l'une à l'autre.

Pis décroché. — Chez un grand nombre de vaches âgées, cette membrane, à force d'être tendue, se relâche, perd son élasticité et laisse pendre la mamelle très-bas. On dit alors, dans le langage des vachers, que le pis est décroché. Cet accident arrive surtout aux vaches qui donnent beaucoup de lait, et on ne peut y remédier.

Nous pouvons encore admirer la bonté de la Providence, qui a pourvu la vache de quatre mamelles, dont deux peuvent suffire à l'allaitement de son petit, tandis que les deux autres semblent être destinées à l'alimentation de la famille humaine qui donne ses soins à la vache réduite à l'état de domesticité, et qui, traitée avec amour, semble être elle-même un membre de cette famille.

Des trayons. — Le pis de la vache, je l'ai déjà dit, possède quatre trayons, quelquefois six. Les deux trayons additionnels ne sont généralement que rudimentaires. Ils sont en rapport avec des glandes imparfaitement développées, et qui, par conséquent, ne sécrètent pas de lait. Cette troisième paire de trayons est placée à la partie postérieure du pis, et j'ai remarqué que les vaches chez lesquelles ils existent sont ordinairement bonnes laitières.

Les trayons sont dirigés en avant et en dehors, de manière à être plus facilement saisis par les veaux; mais la succion et la mulsion ne tardent pas à déranger cette position normale. Ainsi, chez les vaches âgées, les trayons pendent ordinairement en ligne verticale. Chaque trayon a un seul orifice, mais il est assez large pour donner passage à un jet de lait considérable. Le tissu qui garnit l'intérieur du trayon s'épaissit considérablement à son extrémité, de manière à en fermer l'ouverture, de sorte que le lait ne peut sortir que par une pression suffisante. Lorsque ce tissu a perdu son élasticité, comme cela arrive quelquefois chez les vaches âgées, le lait s'échappe facilement à cause de la pression qu'il exerce par son poids, lorsqu'il s'accumule dans les cavités de la mamelle.

La meilleure conformation du pis. — Le pis doit être gros, sans pourtant l'être trop. Un pis bien conformé est presque rond, un peu plus plein par devant et descendant un peu plus bas dans sa partie postérieure. Chacun des trayons donne la même quantité de lait, quoique peut-être les postérieurs en fournissent un peu plus que les antérieurs.

Les trayons doivent être également espacés entre eux dans tous les sens; ni trop longs, ni trop courts, de moyenne longueur et de grosseur égale depuis leur naissance jusqu'à leur extrémité inférieure, où ils se terminent en pointe. Près du pis, il ne faut pas qu'ils soient trop larges, pour que le lait n'y arrive pas trop facilement, ni trop étroits, parce qu'alors le lait peut y être arrêté, s'épaissir et ne plus couler convenablement. Trop gros à leur extrémité inférieure, les trayons ont une trop grande ouverture, d'où il résulte que la vache laisse quelquefois involontairement couler son lait, lorsque le pis es tout à fait plein.

Les trayons d'une bonne vache laitière présentent une peau unie et douce au toucher comme du

satin ; sans être durs, ils offrent une certaine élasticité sous la main qui les presse. Ils doivent laisser
couler facilement le lait, sans qu'on soit obligé de
tirer fortement pour l'obtenir.

Division du pis en quatre glandes. — Nous avons
dit que le pis de la vache est formé de quatre
glandes, qui ne sont pas unies ensemble, quoique
contenues dans une poche commune. Ces quatre
glandes ont tout à fait la même structure ; chacune
est formée de trois parties : la glande proprement
dite, qui sécrète le lait ; la glande tuyau, qui conduit le lait au trayon ; enfin le trayon lui-même,
qui reçoit le lait tout élaboré.

Anatomie du pis. — Après cette description un
peu vague de l'intérieur du pis de la vache, voici
celle plus technique d'un anatomiste, le professeur
Simonds.

Les canaux lactifères, dit-il, se dilatent en
arrivant dans le voisinage des trayons en cellules, qu'on nomme réservoirs et qui peuvent contenir trente à quarante centilitres de lait. Si on fait
la section de ces glandes, on trouve qu'elles offrent
l'apparence d'une éponge remplie de cellules plus
ou moins grandes, dont les parois semblent être
composées d'un tissu aréolaire condensé, de différentes épaisseurs et qui n'est autre chose qu'un

tissu composé principalement de menus conduits lactifères.

Le lait est produit par le sang artériel. — Comme tous les produits qui s'élaborent dans l'organisme des animaux, le lait tire directement sa source du sang artériel. Quelle que soit la quantité de lait fournie par une vache, la sécrétion de ce lait demande une quantité de sang équivalente, et comme cette quantité est ordinairement considérable, on trouve que les artères qui se rendent à la mamelle sont larges et nombreuses, afin de donner passage au sang nécessaire à la formation du lait. Aussi, le plus sûr indice des qualités laitières chez la vache, c'est la grosseur et le nombre des vaisseaux sanguifères qui aboutissent à la mamelle.

Erreur des éleveurs relativement aux veines mammaires. — Les éleveurs et tous ceux qui font le commerce ou qui s'occupent de vaches sont cependant généralement dans l'erreur sur la manière dont s'opère le phénomène de la production du lait, quoiqu'ils aient reconnu, par l'observation, que les meilleures laitières ont le pis pourvu des veines les plus grosses.

Les parties antérieures de la mamelle reçoivent le sang des artères intérieures pectorales, qui, venant directement de la poitrine, se dirigent en arrière pour arriver jusqu'aux glandes lactifères. Les parties postérieures de la mamelle reçoivent le sang qui leur est destiné principalement par des embranchements qu'on nomme artères mammaires et qui partent de l'artère épigastrique. Outre ces vaisseaux, l'artère circonflexe de l'iléum fournit aux glandes lactifères de nombreux embranchements qui s'unissent aussi avec les autres vaisseaux. Les artères nombreuses qui prennent naissance sur ces vaisseaux principaux pénètrent la substance de la mamelle, au milieu de laquelle ils se divisent et se subdivisent en ramifications infinies jusqu'à ce qu'ils se terminent en conduits capillaires tellement petits qu'ils deviennent invisibles à l'œil nu. Ces conduits capillaires se réunissent aux extrémités cœcales des tubes lactifères, sur lesquels ils forment un mince réseau de vaisseaux ; ils fournissent le sang nécessaire à la sécrétion du lait, et dans des conditions propres à cette sécrétion.

A mesure que le lait se forme sur ces lobes formant l'extrémité des tubes lactifères, il se trouve absorbé par ces tubes, qui le déversent à leur tour dans d'autres de plus grande dimension, et de là il passe dans les cavités-réservoirs. Ces extrémités cœcales peuvent être comparées à une grappe de raisin dont chaque grain se trouve attaché par un pied à la tige principale, qui elle-même communique avec la branche qui soutient toute la grappe.

Après cette dissertation sur le pis de la vache, dissertation que quelques-uns de mes lecteurs trouveront peut-être trop anatomique, je résumerai en peu de mots ce qu'il est nécessaire de savoir à cet égard.

Résumé de la formation du lait. — C'est le sang qui forme le lait. — Les artères transportent le sang du cœur aux extrémités du corps, les veines le ramènent des extrémités au cœur; donc c'est le sang artériel qui sert à la formation du lait.

Les veines qui enlacent la mamelle comme d'un réseau sont à la fois grosses et nombreuses, car il est nécessaire que le sang qui n'a pas été employé à la formation du lait et à la réparation des glandes elles-mêmes puisse facilement rentrer dans la circulation générale. Ces veines de retour ne sont d'abord que de menus vaisseaux presque imperceptibles, qui, à mesure qu'ils s'éloignent de leur point de départ, se réunissent les uns aux autres et forment enfin des embranchements veineux distincts.

Les veines dirigées vers la partie antérieure de la mamelle versent leur contenu dans les larges veines abdominales qui se rendent directement au cœur par la veine cave antérieure. Ainsi, comme je l'ai déjà dit, c'est une erreur de croire que ces veines (*dans la langue des éleveurs, veines laitières, veines mammaires*) amènent le sang du cœur vers la mamelle ; elles servent, au contraire, à ramener le sang de la mamelle au cœur. Mais leur grosseur implique une grande faculté laitière ; car tout ce qui peut faciliter la circulation abondante du sang dans la mamelle est un moyen puissant de sécrétion, et si les veines de retour sont larges et bien développées, celles qui apportent le sang doivent l'être aussi, et cela dans une proportion équivalente.

Ainsi, quoiqu'on puisse se tromper sur la nature des fonctions des veines mammaires, il n'en est pas moins vrai que leur grosseur est un indice certain d'une grande production de lait.

CHAPITRE III

DE LA TRAITE DES VACHES

—

Bien traire une vache n'est pas une chose si facile qu'on pourrait le croire, et beaucoup de
bonnes vaches sont souvent gâtées par la négligence ou la mauvaise volonté des servantes de
fermes. Il faut tout à la fois la volonté de bien faire,
puis de l'habitude et de la force. Tous les motifs
se réunissent pour que, si l'on a plusieurs vaches,
on les fasse soigner et traire par un homme.

La vache à laquelle on a enlevé son veau, ou
qu'on ne laisse pas teter par lui, est privée d'une
des plus douces jouissances de l'amour maternel;

mais ce devrait être encore pour elle une jouissance que d'être débarrassée de son lait par la main de l'homme. Pour cela, il faut d'abord que les vaches soient traitées avec douceur, qu'elles aiment celui qui les soigne, au lieu de trembler devant lui, comme il arrive trop souvent.

Traire les vaches deux ou trois fois par jour. — On trait ordinairement les vaches deux fois par jour. Il est bon de traire trois fois celles qui, ayant récemment vêlé, donnent une grande quantité de lait. Par là on soulage d'abord la vache, et on obtient une plus grande quantité de lait, mais il est reconnu que ce lait est moins riche en crème et qu'on n'obtient pas plus de beurre.

Manière de traire les vaches. — Pour que la traite ne laisse rien à désirer, on doit faire en sorte que cette opération soit agréable à la vache. Une bonne méthode, pratiquée dans la plupart des grandes vacheries, consiste à faire précéder le marcaire d'un petit garçon qui fait passer ses mains sur les trayons comme s'il voulait réellement traire, mais qui n'exécute ce mouvement qu'avec légèreté pour faire éprouver à la vache une sensation agréable sans faire couler son lait. Les animaux se trouvent ainsi préparés l'un après l'autre au moment où le marcaire vient réellement les traire, et si celui-ci a l'habitude de bien soigner les vaches de manière à s'en faire aimer, elles laissent facilement couler leur lait jusqu'à la dernière goutte.

Si le marcaire n'a pas d'aide, il opère lui-même cette manipulation des trayons pendant quelques instants, avant de commencer à traire réellement.

Pour traire, le marcaire, assis sur une sellette à un pied, attachée autour de ses hanches au moyen d'une courroie, se place au côté droit de la vache. Il tient le seau à traire entre ses jambes, de manière que ses mains soient libres. Ordinairement il appuie le front sur le flanc de la vache. Il prend un trayon dans chaque main, et en diagonale, c'est-à-dire d'une main le trayon antérieur d'un côté, et de l'autre main le trayon postérieur de l'autre côté; il les saisit assez haut pour comprimer une portion de la glande du pis, et il emploie la force de pression et de traction suffisante pour faire couler le lait. S'il opère régulièrement et alternativement le mouvement de monter et de descendre de chaque main, le lait coule sans interruption, de manière qu'on distingue à peine qu'il provient de deux sources. Ainsi les mouvements, outre qu'ils sont réguliers, ne doivent pas être trop précipités.

Quelques marcaires replient le pouce de manière que le trayon est pressé entre les quatre doigts et la partie supérieure du pouce, c'est-à-dire l'ongle et l'espace compris entre l'ongle et la première articulation. Cette méthode doit occasionner au trayon une pression qui peut devenir douloureuse, et je crois qu'il est préférable de le saisir à pleine main; cependant les Suisses traient généralement avec le pouce replié.

De quelque manière qu'on opère, il est de la plus grande importance de traire à fond. Le pis doit être complétement vidé, et il est alors petit. Les vaches qui ont un pis charnu, qui reste gros lors même qu'il est vide, ne sont pas bonnes laitières.

Prévenir les mouvements des vaches pendant la traite. — Avec un bon marcaire, les vaches restent ordinairement tranquilles pendant qu'il les trait. Si une vache est disposée à donner des coups de pied, on l'en empêche en entravant un pied de devant. Pour cela, on lève le pied presque à la hauteur du coude, et on le fixe dans cette position par une courroie ou une petite corde qui passe sur l'avant-bras, à sa partie la plus voisine du coude, et sur le paturon. La vache, placée ainsi sur trois jambes, ne peut pas lever un pied de derrière pour frapper.

Pour empêcher les mouvements de la queue dans la saison des mouches, quelques-uns la fixent par une petite courroie qui fait le tour du jarret de la vache; mais en appuyant la tête contre le flanc de la vache, et tenant sous elle le seau à traire, on n'est pas incommodé par les mouvements de la queue, surtout si elle est propre.

Si la vache fait quelque mouvement violent, la sellette à un seul pied étant fixée au moyen d'une courroie, le marcaire a les mains libres, il peut facilement se reculer, se mettre debout, et il est bien rare que le lait soit renversé.

Jaugeage du lait provenant de la traite. — Lorsqu'une vache est traite, le marcaire voit la quantité de lait qu'elle a donnée en observant l'intérieur du seau, sur les parois duquel des clous, plantés de distance en distance et correspondant à un volume déterminé, forment une échelle de graduation facile à consulter. Alors, sur une ardoise, où chaque vache a son numéro, il fait autant de traits de craie qu'il y a de litres, il vide le seau dans un grand baquet placé près de l'ardoise, puis il passe à une autre vache.

Chez moi le lait se marque par litres; pour chaque litre on fait un trait vertical, et s'il y a un demi, il se marque à la suite par un trait horizontal.

Les vaches ont sur l'ardoise les numéros que leur assigne leur place à l'étable, et on les trait dans le même ordre. Lorsque toutes sont traites, le marcaire apporte à la laiterie les seaux ou baquets contenant le lait et en même temps l'ardoise. Les grands seaux étant aussi jaugés, on peut facilement vérifier si la quantité totale de lait est la même que la somme des traites partielles. On peut faire la même vérification par les pots à lait, qui doivent tous avoir la même contenance.

Ces détails paraîtront à quelques personnes d'une exécution difficile, sinon impossible; mais quand on a assez de bêtes pour les faire soigner par un homme qui est tout à son affaire et n'est pas dérangé par d'autres travaux, l'ordre étant une fois établi, tout marche régulièrement, sans embarras, ni perte de temps.

On peut aussi se contenter de constater tous les quinze jours, en présence du maître ou de la maîtresse, la quantité de lait fournie par chaque vache, et les seaux étant jaugés, il est facile de voir chaque jour d'un coup d'œil le total de chaque traite.

Enfin si l'on n'a pas assez de bêtes pour entretenir un homme n'ayant d'autre occupation que de les soigner, il est toujours très important, et c'est une condition indispensable de la bonne tenue de la vacherie, que la personne chargée de panser et de traire les vaches le fasse régulièrement et ne soit jamais dérangée par d'autres travaux, aux heures réservées pour ce service.

Machines à traire les vaches. — Quoique, à mon avis, aucune machine ne puisse remplacer la main de l'homme pour traire convenablement les vaches, je dirai cependant quelques mots des instruments qui ont été inventés dans ce but. Dans le principe, ces instruments ont d'abord été vantés, comme on vante tout ce qui est nouveau; mais bientôt on y a renoncé en y reconnaissant, paraît-il, plusieurs inconvénients, dont les principaux sont : qu'ils ne vident pas le pis à fond, et qu'ils dilatent l'orifice des trayons de manière que la vache laisse ensuite couler son lait malgré elle.

Les trayeurs mécaniques sont, dit-on, employés journellement en Amérique, leur pays d'origine. On a vu des échantillons de ces petites machines exposés à Londres, en 1862, par MM. Kerskaw et Kolvin, de Philadelphie, qui prétendent avoir perfectionné l'instrument primitif, si l'on en juge, du moins, par le nom donné à leur invention (*Improved Cow-Milker*, trayeur de vache perfectionné). J'emprun au *Journal d'Agriculture pratique* la description

qu'il a publiée récemment de l'appareil représenté
par la gravure 1 :

« A un seau à traire ordinaire en sapin A se
trouve adapté l'organe particulier chargé de remplacer les doigts de l'homme ou de la femme qui
extraient le lait. L'opérateur tient ce seau entre ses
genoux; mais, au lieu d'agir sur les trayons de la
vache, après qu'il a engagé ceux-ci dans les quatre

Grav. 1.

Trayeur mécanique de MM Kerskaw et Kolvin.

orifices coniques B, il rapproche et éloigne alternativement du centre de l'appareil les poignées D
de deux leviers, en faisant suivre à ces leviers les

guides *d*. Il résulte de ces mouvements que des
rondelles C en caoutchouc vulcanisé sont alternativement soulevées vers le dehors et ensuite contrac-
tées vers le dedans. Dans le premier cas, il se fait
un vide dans la boîte E ; la pression atmosphérique,
agissant sur le pis de la vache, en fait sortir le lait,
qui, par le mouvement inverse des leviers, est
chassé dans le seau A, en passant à travers une sou-
pape qui s'ouvre du haut vers le bas, et se referme
aussitôt que le trayeur fait regonfler les rondelles
en caoutchouc C.

« La boîte à lait E est divisée par un diaphragme
en deux compartiments, de manière que le vide agit
à la fois sur deux trayons, l'un de droite, l'autre de
gauche, condition recommandée, comme on le sait,
pour bien traire les vaches. »

Les inventeurs affirment que leur appareil sert
depuis deux ans au trayage quotidien de 130 vaches,
que le trayage se fait complétement et sans secousses
pénibles pour les animaux. Il est malheureux que
le jury de l'Exposition de Londres n'ait pas pu vérifier cette dernière assertion. Quelques essais faits
en France, et rapportés dans le numéro du 20 dé-
cembre 1862 du *Journal d'Agriculture pratique*,
n'avaient pas donné, tant s'en faut, des résultats
aussi satisfaisants. Cela tient-il à l'instrument lui-

même ou à l'inexpérience bien naturelle des expérimentateurs en présence d'un outil avec lequel ils n'étaient pas familiarisés? C'est un point que je ne saurais éclaircir.

Les vaches ont la faculté de retenir leur lait. — C'est un fait que l'on a souvent occasion d'observer lorsqu'on a enlevé à une vache son veau, qu'ensuite, quand on veut la traire, on ne peut pas en obtenir de lait. J'ai vu des vaches habituées à être traites par une femme refuser de se laisser traire par un homme. Ce fait, l'anatomie ne peut pas l'expliquer, attendu que le pis de la vache n'est pas pourvu de ce qu'on nomme sphincter.

CHAPITRE IV

DU LAIT ET DE SA COMPOSITION CHIMIQUE

Le lait est un liquide blanchâtre, opaque, et d'une saveur légèrement sucrée. Extrait du sang des animaux mammifères pour la nourriture de leurs petits, le lait est sécrété par la femelle depuis la naissance du fœtus et pendant un temps plus ou moins long, selon les besoins du jeune animal.

Dès la plus haute antiquité les hommes firent usage du lait des chèvres, des brebis et des vaches. Les anciens auteurs grecs et romains parlent du lait comme d'une nourriture dont tout le monde faisait un usage habituel. Mais les Grecs, habitant un pays où croît l'olivier, n'employaient pas de beurre, et n'apprirent à le connaître que par ceux qu'ils appelaient des barbares.

Tous les animaux herbivores soumis à la domesticité nous donnent du lait. On trait la vache, le zébu d'Asie et d'Afrique, le buffle, le yack, le chameau, la chèvre, la brebis, même la jument et l'ânesse. La vache est de tous les ruminants celui qui donne son lait le plus facilement et en plus grande quantité.

Lait de chèvre. — La chèvre fournit du lait en abondance et presque aussi facilement que la vache elle-même. Il est très-nourrissant et salubre; il a une odeur et un goût particuliers auxquels s'habituent ceux qui en font usage. Le fromage qui en provient a une saveur forte et spéciale; on en fabrique en grande quantité dans le Levant, l'Italie, l'Espagne et les autres contrées méditerranéennes.

Lait de brebis. — La brebis donne moins de lait que la chèvre, et pendant beaucoup moins longtemps. On en fait aussi des fromages dans les parties les plus montagneuses de l'Europe. On en fait en France dans les départements de l'Isère, de l'Aveyron, de l'Hérault, etc.

Lait de jument. — On ne fait usage du lait de la jument que dans ces vastes plaines de l'Asie où les chevaux sont élevés en troupes nombreuses. Ce lait contient une plus grande proportion de sucre que celui des quadrupèdes ruminants, mais moins d'albumine et de matière grasse. Par l'abondance de son principe saccharin, ce lait subit facilement la fermentation vineuse, et les tribus nomades de l'Asie ont trouvé depuis longtemps l'art de le convertir en une liqueur fermentée enivrante.

Lait d'ânesse. — On sait que le lait d'ânesse est prescrit par les médecins pour diverses affections, et qu'il est précieux pour les poitrines faibles et délicates. Dans un article inséré au *Journal d'Agriculture pratique* en novembre 1844, M. Toussenel fait un triste tableau des laiteries parisiennes, peuplées de six mille vaches, qui se renouvellent tous les dix-huit mois, et qui toutes meurent atteintes de la phthisie pulmonaire, nommée à Paris pommelière. « Le lait de l'ânesse parisienne, dit-il, est le remède destiné à neutraliser le mal causé par le lait de la vache parisienne. » L'ânesse, dont le lait réparateur ranime la vigueur des poitrines délabrées, n'est soumise à aucune corvée : elle a du bon temps, tout son travail consiste à aller porter son lait de maison en maison dans les rues de Paris. Malheureusement, le nombre de ces ânesses est très-restreint et leur lait est fort cher. Depuis

1844, beaucoup d'abus ont été réformés, et les chemins de fer aidant, les Parisiens doivent être fournis de meilleur lait de vache, mais le lait d'ânesse n'en est pas pour cela moins utile.

Composition du lait de vache. — Le lait de vache contient environ 90 p. 100 d'eau tenant en solution et en suspension :

1° La matière butyreuse, répandue en myriades de globules dans toutes les parties du liquide ;

2° Le caséum, ou la matière du fromage, qui est tenu partie en solution et partie en suspension ;

3° La lactine, ou sucre de lait ;

4° Un extrait animal comme celui de la viande ;

5° Enfin divers sels solubles, et, dans quelques cas, une certaine quantité d'acide libre.

On peut encore trouver dans le lait d'autres substances provenant des aliments ; ainsi il peut être purgatif, même vénéneux [1].

La composition du lait est la même dans les carnivores et dans les herbivores, il ne varie que par la proportion de ses principes constituants.

La matière grasse du lait est, comme toutes les graisses de l'organisme animal, un mélange de *stéarine*, *margarine*, *oléine*, et en outre de *butyrine*,

---

[1] *Das Molkenwesen*, par Trommer, professeur à Mœglin.

qui la distingue essentiellement des autres graisses animales et végétales.

La proportion de matières grasses que contient le lait varie dans des limites très-étendues et ne dépend pas seulement de l'alimentation, mais encore de l'époque plus ou moins avancée de la gestation, ou du temps depuis lequel une vache commence à donner du lait, jusqu'à celui où elle cesse d'en fournir.

Cette proportion peut varier de 2 jusqu'à 5 pour 100.

Le caséum à l'état liquide est soluble dans l'eau : quand il est coagulé, il est insoluble dans l'eau.

On peut chauffer le *caséum* sans qu'il se coagule. S'il est soumis à l'action prolongée de la chaleur, il se forme à sa surface une peau insoluble blanche, que nous voyons tous les jours sur le lait chauffé. Le caséum coagulé offre une masse blanche, épaisse, cassante; observée au microscope, cette masse présente un nombre considérable de petites peaux très-minces, très-délicates, insolubles dans l'eau. On a trouvé, dans le lait de vaches nourries de foin et de résidus de la distillation des pommes de terre, 4 1/2 pour 100 de caséum.

A l'œil nu, le lait ne présente qu'un liquide homogène; au microscope, on y voit une multitude de petits globules ronds qui sont les parties butyreuses.

Poudre de lait. — Lorsque le lait est évaporé jusqu'à siccité, le résidu forme une poudre blanche, qui peut être conservée dans des boîtes fermées.

Cette poudre étendue d'eau, pour l'usage, forme une émulsion qui ne diffère, dit-on, pas notablement dans sa saveur et ses qualités du lait original, et qui peut être conservée facilement pour les voyages de long cours.

Séparation de la crème et du caséum. — Lorsqu'on laisse le lait en repos, il se sépare de lui-même en deux parties. Les globules gras plus légers s'élèvent à la surface et forment la crème au-dessous de laquelle se trouve le caséum dans lequel reste encore suspendue une certaine proportion de la matière grasse.

Formation du beurre. — La crème ou même la totalité du lait étant agitée pendant un certain temps, les globules butyreux se réunissent et s'agglomèrent pour former un solide mou, qui est le beurre. Le beurre retient une partie du caséum, du sérum et des matières solubles du lait. Exposé à l'air, il s'altère promptement et devient rance. Pour le conserver, on le sale, ou on le soumet à la fusion pour en séparer les matières étrangères.

Caillé, Fromage, Petit-lait. — Le caséum coagulé forme ce qu'on nomme le caillé. Celui-ci étant pressé forme le fromage, et le liquide qu'on en exprime est le petit-lait qui contient encore une petite proportion de beurre et du sucre de lait, qu'on peut en extraire, par l'évaporation, sous forme cristalline.

Colostrum, Méconium. — La sécrétion du lait commence un peu avant le vêlage, mais elle n'a lieu abondamment qu'après le vêlage.

Le premier lait, appelé *colostrum*, est visqueux, d'une couleur jaune foncé; il se décompose plus promptement et donne difficilement du beurre. Ce premier lait est destiné par la nature à purger le nouveau-né, à lui faire évacuer les matières contenues dans ses intestins (le méconium). Il doit donc être abandonné au veau nouveau-né et ne doit pas être mêlé avec l'autre lait.

Quelques jours après le vêlage, le lait acquiert ses qualités utiles. Abondant d'abord, il diminue de quantité à mesure que la vache avance dans la gestation et en même temps il devient plus riche en crème.

Quarante jours environ avant le vêlage, le lait

devient alcalin, incapable de se coaguler, et il cesse d'être saccharin. A cette époque, on doit cesser de traire les vaches. C'est par suite de cette disposition du lait qu'il arrive, si toutes les vaches d'une étable sont avancées dans la gestation; que, selon l'expression des ménagères, le beurre ne prend pas. On remédie à cet inconvénient en ajoutant à la crème dans la baratte du lait d'une vache fraîche.

Observations chimiques sur le lait, d'après M. Trommer. — Les paragraphes suivants sont extraits d'un ouvrage de M. Trommer, professeur à l'institut agricole de Mœglin.

On y trouvera quelques répétitions de ce que j'ai dit précédemment, quelques assertions qui ne sont pas d'accord avec les miennes. Je le laisse cependant tel qu'il est et je le donne sans commentaires, pensant qu'il pourra amener à faire des essais tous ceux qui sont disposés à s'occuper de ces intéressantes questions.

« Le lait est composé des substances butyreuse et caséeuse (graisse et fromage), de sucre, de divers sels et d'eau.

« La composition du lait est la même dans les carnivores et dans les herbivores. Le lait ne varie que par la proportion de ses principes constituants.

« On peut encore trouver dans le lait d'autres substances provenant des aliments. Ainsi il peut être purgatif, même vénéneux.

« Le caséum est ou à l'état liquide et soluble dans l'eau, ou il est coagulé et insoluble dans l'eau.

« On peut chauffer le caséum sans qu'il se coagule, et en cela il diffère de l'albumine. S'il est soumis à l'action prolongée du feu, il se forme à la surface une peau insoluble que nous pouvons tous les jours observer sur le lait chauffé.

« Les acides produisent la coagulation du caséum.

« Ainsi coagulé, le caséum offre une masse blanche, opaque, cassante, qui, vue au microscope, présente une multitude infinie de petites peaux très-minces, très-délicates, insolubles dans l'eau.

« On a trouvé dans le lait de vaches nourries de foin et de résidus de la distillation de pommes de terres 4 1/2 pour 100 de caséum.

« La partie grasse du lait est, comme toutes les graisses de l'organisme animal, un mélange de *stéarine, margarine, oléine,* en outre de *butyrine,* qui contribue essentiellement à la distinguer des autres graisses animales et végétales.

« La proportion de parties grasses que contient le

lait varie beaucoup et ne dépend pas seulement de la nourriture, mais aussi de l'époque plus ou moins avancée de la gestation, ou du temps depuis lequel une femelle commence à donner du lait, jusqu'à celui où elle cesse d'en donner.

« D'après mes recherches, cette proportion varie de 2 à 4 1/2, jusqu'à 5 pour 100.

« Le lait qui vient d'être trait a ordinairement une température de 24 à 28° centigrades.

« A l'œil nu, il ne présente qu'un liquide homogène ; au microscope, on y voit une multitude de petits globules ronds qui sont les parties butyreuses.

« La crème qui monte à la surface du lait contient un bien plus grand nombre de ces globules et ils sont plus gros.

« Du moment que le lait est placé dans la laiterie, les parties butyreuses, comme plus légères, s'élèvent à la surface. Cependant la séparation de la crème s'opère mieux à mesure que le lait s'aigrit et jusqu'au moment où le caséum venant à se coaguler ne permet plus aux petits globules gras de s'élever ; alors la séparation de la crème cesse nécessairement. De là il résulte que le lait caillé contient toujours encore du beurre, et il en contient d'autant plus que la coagulation a eu lieu plus vite.

« J'ai souvent trouvé dans le lait caillé jusqu'à
1 ½ p. 100 de beurre.

« Plus on peut retarder le moment où le lait s'aigrit, plus on obtient de crème.

« Si nous ne pouvons empêcher le lait de former
de l'acide au bout d'un temps plus **ou** moins long,
nous pouvons du moins neutraliser les fâcheux effets de cet acide en ajoutant au lait une substance
qui l'absorbe à mesure qu'il se forme. La substance
que nous pouvons le mieux employer pour cela est
le carbonate de soude (soude du commerce).

« On prend 1 p. 100 de soude, on la délaye dans
deux fois son volume d'eau et on la mêle bien au
lait. Toutes les parties butyreuses se séparent rapidement et aussi complétement que possible. Le liquide qui se trouve sous la crème conserve encore
pendant plusieurs jours sa fluidité, et à peine peut-
on, à l'aide du microscope, y apercevoir de petits
globules de graisse.

« Dans les chaleurs de l'été, il peut être nécessaire d'employer 1 ½ p. 100 de soude. Après 4 à 5
jours, le caséum se coagule. Outre l'avantage de la
plus grande quantité de crème obtenue, on en a encore d'autres : avec l'emploi de la soude, il est indifférent que les vases à lait soient en grès, en bois
ou en métal ; on peut faire usage de grands vases en

bois qui contiennent le lait de toute une traite, et qui ont à leur fond un robinet par lequel on soutire tout le liquide qui est sous la crème ; on peut placer où on veut les vases contenant le lait, pourvu qu'il ne gèle pas, et on n'a pas à craindre les grandes chaleurs. Le travail de la laiterie devient beaucoup plus simple et plus facile.

« Pour qu'elle ne donne pas au beurre un mauvais goût, la soude doit être pure ; elle peut contenir, quoique cela arrive rarement, du sulfure de sodium. Pour s'assurer si la soude est pure, on en dissout une petite portion dans de l'eau, et on y ajoute autant de bon vinaigre qu'il est nécessaire pour qu'une effervescence ait lieu. On y plonge et on y laisse quelque temps une cuiller à café en argent. Si la soude est pure de sulfure, l'argent conserve sa couleur et son brillant ; si elle contient le moindre mélange, l'argent deviendra brun et terne.

« Avant de mêler au lait la soude dissoute dans l'eau, on la fait passer au travers d'un linge[1].

---

[1] La soude indiquée par l'auteur est la soude du commerce, qui est bien loin d'être pure, et qui, outre le sulfure de sodium, renferme beaucoup d'autres substances qui, à la vérité, ne nuisent pas à la formation de la crème. Au lieu de la soude du commerce (carbonate de soude), nous pensons qu'il vaudrait mieux employer le carbonate de soude cristallisé (soude cristallisée du commerce), qui est d'une grande pureté et surtout privé de sulfures. Il n'est

« La séparation complète de la crème peut durer de 48 à 72 heures. Elle est aussi complète que possible, lorsque le liquide qui se trouve sous la crème a perdu sa couleur blanche et ressemble à du petit-lait. Il peut arriver par de grandes chaleurs que le caséum se coagule après 36 heures, même après 24 heures. Dans ce cas, on ne peut le soutirer et on enlève la crème avec une cuiller.

« Si l'on désire hâter la coagulation du caséum, on y mêle du vinaigre en proportion suffisante pour saturer d'abord le peu de soude libre qui y reste, puis coaguler le caséum.

« Pour que la crème, en la faisant chauffer, ne tourne pas, il suffit d'y ajouter par litre environ vingt à vingt-cinq gouttes d'ammoniaque. L'odeur de l'ammoniaque se dissipe par l'ébullition.

« Au lieu d'ammoniaque, on peut aussi employer le carbonate de soude ou le carbonate de potasse, 8 grammes pour 1 litre de crème. »

J'ai cru devoir donner cet extrait du petit traité de M. Trommer, parce qu'il contient d'excellents conseils, mais je dois dire que l'on a accusé la soude de donner au beurre un goût désagréable.

pas nécessaire d'en filtrer la dissolution, si on l'a dissoute avec de l'eau distillée ou de l'eau de pluie. Le poids à en employer est double de celui de la soude du commerce.

J'aurai, du reste, l'occasion de citer encore des extraits de l'ouvrage de l'éminent professeur dans les chapitres consacrés à la fabrication du beurre et à celle du fromage.

Le lait et la crème, d'après M. Otto. — Après cette citation de M. Trommer, en voici encore une de M. Otto [1], qui contient aussi d'intéressantes notions :

« Plus le lait est riche en principes butyreux, plus il est épais et plus la séparation de la crème s'opère lentement. Les plus grosses bulles montent les premières et la première crème est la plus riche en beurre.

« 12 à 15° centigrades sont considérés comme la température la plus favorable pour la séparation de la crème.

« Le lait qui a été transporté et agité donne moins de crème que celui qui est resté tranquille.

« Déjà dans le pis de la vache la crème s'élève, le lait trait le premier est plus léger et le dernier est plus riche. Voici les résultats comparatifs qu'a obtenus Schübler :

[1] *Lehrbuch der rationellen Praxis der landwirthschaftlichen Gewerbe*, von Dr F. J. Otto.

« 1er lait trait, poids spécifique   1,0340   crème   5 p. °/₀
« 2e   —   —   1,0334   —   8
« 5e   —   —   1,0327   —   11,5
« 4e   —   —   1,0315   —   15,5
« 5e   —   —   1,0290   —   17,5

« Moyenne.   1,0321   11,5

« On voit que le dernier lait contient trois fois
et demie autant de crème que le premier.

« Le lait absorbe avec une grande facilité les gaz
et les vapeurs, et on ne saurait être trop attentif
sur la pureté de l'air de l'endroit où on le dépose.
Le lait doit être enlevé de l'étable immédiatement
après qu'il est trait. »

CHAPITRE V

RENDEMENT EN LAIT DES VACHES DE DIVERSES RACES

———

Le produit des vaches varie à l'infini, selon qu'elles possèdent à un plus ou moins haut degré la faculté de convertir en lait les aliments, selon leur nourriture, leur taille, etc.

Selon Pabst, 100 kilogr. de foin (Heuwerth [1]) produisent, avec de bonnes laitières, 100 kilogr. de lait.

Il est fâcheux que tous ceux qui ont écrit sur cette matière n'aient pas indiqué la nourriture des vaches

[1] Heuwerth, c'est-à-dire l'équivalent de 100 kilogr. de foin, ou une ration dont le total représente la valeur nutritive de 100 kilogr. de bon foin.

en même temps qu'ils ont donné la quantité de lait qu'elles produisaient.

Roville. — Mathieu de Dombasle[1], avec la petite race de vaches des environs de Roville, estime la nourriture d'une vache à 10 kilogr. de foin par jour, et le produit à 1,416 litres de lait par an; 29 à 30 litres de lait étant nécessaires pour 1 kilogr. de beurre, le produit en beurre sera très-près de 50 kilogrammes aussi par an et par vache.

Ce produit, considéré d'une manière absolue, est bien peu considérable, mais aussi les vaches consomment peu. Je n'évalue pas à moins de 15 kilogr. de foin, ou l'équivalent, la nourriture de mes vaches, et il y a bien des grandes vaches qui en consomment certainement 25 kilogrammes.

Cependant je ne crois pas que l'on puisse être satisfait de la quantité de lait obtenue des vaches de Roville.

Flandre. — Selon Schwerz, une bonne vache flamande donne par jour 10 à 15 litres de lait, soit par an, 2,600 litres[2].

Les vaches vêlent au printemps. On les trait trois

---

[1] *Annales de Roville*, tome II.

[2] Ce produit ne doit être considéré que comme un rendement moyen. Les bonnes vaches laitières flamandes donnant un produit beaucoup plus considérable.

fois par jour jusqu'à la mi-octobre. Le lait est d'abord mis, dans la laiterie, dans des écuelles très-peu profondes ; il y reste 12 heures en été, de 24 à 36 heures en hiver. On le réunit alors dans une cuve en bois, où il reste jusqu'à ce qu'il soit caillé, ce qui a lieu, en été, après 24 heures. Alors le tout, lait et crème, est battu dans une grande baratte. (*Schwerz.*)

Angleterre. — Nous lisons dans Sinclair : « M. Carwen estime ainsi le produit qu'on peut tirer des vaches à lait : en moyenne, chaque vache, d'une bonne race et bien nourrie, produira annuellement 3,739 litres de lait. »

Les vaches d'Ayrshire donnent en moyenne, par an, 3,850 litres de lait. Ce produit se réduit à 2,725 litres par vache, si l'on établit le compte pour tout un troupeau, en comptant les vaches qui, n'ayant pas fait de veau, ne donnent pas de lait. 32 litres de lait donnent à peu près 1 kilogr. de beurre ; le produit moyen d'une vache est d'environ 2 k. 500 de beurre par semaine.

Une bonne vache écossaise donne par jour 27 litres ; par année, 9,000 litres de lait : ce produit considérable s'obtient dans les laiteries de Glasgow, dont les vaches sont choisies dans les meilleures races du pays et très-bien nourries.

M. George Rennie, de Fantassie, avait une vache qui, pendant une semaine, a donné chaque jour 48 litres de lait, ce qui a produit 11 kilogr. de beurre pour la semaine.

On trouve des vaches de Suffolk qui, aux époques de l'année les plus favorables, donnent par jour 56 litres de lait, et 37 litres ne sont pas un chiffre extraordinaire, mais le beurre qu'on en obtient n'est pas en rapport avec la production de lait.

Les laitiers ne veulent que des vaches qui ont fait trois ou quatre veaux, et qui, par conséquent, sont à l'époque où elles fournissent le lait le plus riche et le plus abondant. On exige au moins 10 litres par jour d'une vache, et, l'une dans l'autre, elles en donnent beaucoup plus.

La petite race d'Alderney, que l'on entretient dans les parcs des grands seigneurs, n'a d'autre mérite que la richesse de son lait, peu abondant, mais très-gras. On cite une vache de cette race qui, pendant trois semaines, a donné chaque semaine 9 kilogr. de beurre[1].

12,000 vaches fournissent de lait les habitants de Londres et de ses environs immédiats. Ces vaches

[1] On voudra bien observer que, pour tous ces produits extraordinaires en lait et en beurre, je cite, mais sans garantir les chiffres.

sont presque toutes des races à courtes cornes, de Holderness et de Yorkshire, croisées avec la race de Durham. Elles sont bonnes laitières, et elles offrent aux nourrisseurs ce grand avantage que, quand elles cessent d'avoir du lait en suffisante quantité, elles prennent facilement la graisse et sont vendues pour la boucherie à un prix souvent plus élevé que le prix d'achat primitif.

Glane. — Sur le Glane, (Bavière rhénane) on estime qu'une très-bonne vache doit donner en été, fraîche et nourrie de trèfle vert, 20 litres de lait par jour. Mais ce produit est exceptionnel. 15 litres sont déjà un beau rendement et avec des vaches qui n'ont que 200 à 250 kilogr. de viande nette, 12 litres de lait pendant les trois mois qui suivent le vêlage sont un produit satisfaisant.

Suisse. — Il y a des vaches suisses de très-grande taille qui donnent une quantité de lait encore beaucoup plus considérable ; mais, je le répète, ce qui nous manque essentiellement, c'est de connaître le rapport de la nourriture consommée à la quantité de lait produite par les vaches.

Le produit en lait est toujours proportionné à la nourriture. — On comprendra combien sont vagues ces indications de la quantité de lait fournie par une vache, si on considère d'abord que, abstraction faite des qualités individuelles des animaux, leur produit en lait dépend de la nourriture qu'on leur donne. Les paysans de ce pays-ci disent avec raison qu'une vache est comme une armoire, et qu'on n'en tire que ce qu'on y a mis.

Je connais des étables de brasseurs où les vaches reçoivent à discrétion de la drèche, des résidus d'une distillerie de pomme de terre, et avec cela des tourteaux et de très-bon foin. Ces vaches, tout en engraissant, donnent une énorme quantité de lait.

Dans un village près de Rittershof, il y avait un curé qui possédait une bonne vache, et comme il ne voulait en obtenir que du beurre, tout le lait, après qu'on en avait enlevé la crème, était ajouté à la boisson de la vache. De cette manière, après avoir pris en lait et beurre ce qui était nécessaire à son petit ménage, il lui restait encore chaque semaine 4 à 5 kilog. de beurre à envoyer au marché, et avec cette nourriture, en apparence si peu rationnelle, il obtenait de sa vache un très-beau produit.

Il faut, en outre, considérer qu'il y a de petites vaches, bretonnes, par exemple, qui donnent à peine 100 kilog. de viande nette, tandis qu'il y a des vaches suisses qui en donnent 500 kilog.

On a admis que 1 2/3 pour 100 ou 1/60 du poids

5.

de la bête vivante représente le poids du foin nécessaire pour l'entretien de la vie et forment ce qu'on nomme la ration d'entretien, tandis qu'il faut pour la ration de production 3 1/3 pour 100 ou 1/30 du poids de la bête vivante. D'après cette base, 6 k. 2/3 de foin ou l'équivalent suffiront par jour à la petite vache bretonne, qui ne pèse vivante que 200 kilog., tandis qu'il faudra par jour 33 k. 1/3 de foin à la vache suisse, qui pèse 500 kilog.

Riedesel (Voir *Manuel de l'éleveur de bêtes à cornes*, 4ᵉ édition, p. 183) a admis que chaque kilog. de fourrage de production doit suffire chez les vaches laitières à la sécrétion d'un kilog. de lait, aussi longtemps que les aliments ne servent pas à la formation du fœtus ; mais cette évaluation, prise sur une grande moyenne, ne peut pas servir de règle.

Produit en beurre. — Je viens d'indiquer quelles sont les quantités de lait que donnent exceptionnellement ou communément les vaches, et j'ai cité en outre des rendements considérables, qu'on ne rencontre que bien rarement dans la pratique. Voici, pour compléter cette énumération, diverses indications de la quantité de beurre que l'on peut obtenir des vaches :

Hofwyl. — A Hofwyl, 83 kilogrammes de beurre

sont le produit annuel d'une vache (vache suisse de très-forte taille).

Campine. — Selon Schwerz, dans la Campine on obtient par an et par vache, 100 kilogr. de beurre.

Polders. — Dans les polders une vache qui pâture fournit 140 kilogr. de beurre; une vache bien soignée, mais médiocrement nourrie, 75 kilog.

« On trouve, dit encore Schwerz, dans la partie nord de la Campine, des vaches achetées en Hollande, et qui, nourries ici à l'étable, produisent, fraîches, jusqu'à 1 kilog. de beurre par jour.

« J'ai vu (c'est toujours Schwerz qui parle) chez les moines de la Trappe, à Westmall, deux vaches de la Frise, qui, fraîches, donnaient chacune jusqu'à 1 k. 500 de beurre par jour. »

Pays-Bas. — On peut admettre, pour les Pays-Bas, qu'une vache bien nourrie, hiver et été, donne par an, 100 kilog. de beurre, et médiocrement nourrie, mais bien soignée, 75 kilog.

En Flandre, dans une ferme bien tenue, on peut compter sur 125 kilog. de beurre par an et par vache (Schwerz).

Angleterre. — A Northampton, dit Arthur Young, quelques vaches donnent une quantité de beurre vraiment étonnante, jusqu'à 6 kilog. par semaine.

Dans une laiterie de 40 vaches, il y en a au moins une qui fournit cette quantité. On peut compter que pendant toute l'année chaque vache produira 2 k. 500 de beurre par semaine, soit pour l'année 150 kilogrammes.

Voigtland. — On vante, en Allemagne, pour la laiterie, la race du Voigtland (Saxe); mais je ne trouve pas d'indications précises de la quantité de lait et de beurre qu'on peut en obtenir.

Tableau résumé du produit en lait et en beurre de diverses races de vaches. — Voici, d'après M. de Weckerlin, directeur de l'institut agricole de Hohenheim, le produit en lait et en beurre de diverses races de vaches; les chiffres indiqués sont le résultat des observations de plusieurs années.

Le tableau de la page 49 donne l'indication des rendements moyens, maximum et minimum, des vaches consommant par jour un poids déterminé de fourrage;

Celui de la page 50 contient des chiffres intéressants sur la quantité de crème, de beurre et de fromage contenue dans le lait;

Enfin on verra dans le tableau de la page 51 quelle est la variation de la production laitière, chez les différentes races, comparativement au poids moyen des animaux.

RACES.	NOURRITURE JOURNALIÈRE D'UNE VACHE. Ration évaluée en foin.	QUANTITÉ DE LAIT produite PAR UNE VACHE.			
		PRODUIT MOYEN par année.	PRODUIT MOYEN par jour.	PRODUIT ANNUEL le plus élevé.	le plus faible.
	kil.	lit.	lit.	lit.	lit.
Hollandaise..	15,500	3,000	8,25	3,342	2,128
ANGLAISES.					
Teeswater.	14　»	2,250	6,20	2,409	1,252
Yorkshire polled. . .	13　»	2,350	6,45	3,034	2,060
Suffolk polled. . . .	13　»	2,950	5,30	2,071	1,763
Devonshire..	11,200	1,300	3,50	1,653	0,771
Herefordshire (*). .	11,200	1,050	3　»	1,109	0,992
Alderney..	11,200	1,800	5　»	2,295	1,120
SUISSES.					
Schwyz.	14　»	2,650	7,25	2,744	2,554
Uri et Hasli.	11,700	2,200	6　»	3,195	1,505
Gurten..	13　»	2,300	6,35	2,681	1,359
Mürzthal..	11,700	1,500	4　»	1,735	1,102
Hall.	11,700	1,850	5　»	2,520	1,344
Allgaü.	11,700	2,450	6　»	2,516	1,928
Hongroise (*). . . .	11,700	0,700	2　»	1,065	0,275
Hongrose-Allgaü (*).	11,700	1,400	4　»	2,571	1,102

(*) Le produit en lait des trois races marquées de ce signe (*) a été parfois tout à fait nul.

RACES.	PRODUIT JOURNALIER le plus élevé d'une VACHE FRAICHE de lait.	DEGRÉ du LAIT au lactomètre	CRÈME obtenue de 20 litres de lait.	BEURRE obtenu de 20 litres de lait.	FROMAGE obtenu de 20 litres de lait non écrémé.
	litres.	p. 100.	kil.	kil.	kil.
Hollandaise. . . .	22 à 27,50	11	1,90	0.585	0,620
ANGLAISES.					
Teeswater.	15,60	11	2,05	0,600	0,620
Yorkshire polled..	18,55	12	2,05	0,600	0,620
Suffolk polled. . .	11,95	12	2,05	0,600	0,620
Devonshire.	10,10	15	2,20	0,715	0,650
Herefordshire. . .	12,85	15	2,20	0,715	0,650
Alderney.	11 »	18	2,05	»	»
SUISSES.					
Schwyz.	15,15	17	2,50	0,670	0,650
Uri et Hasli. . . .	17 »	15	2,05	0,650	0,650
Gurten.	18,55	15	2,30	0,680	0,650
Mürzthal.	12,40	14	2,05	0,680	0,630
Hall.	12,85	16	2,30	0,740	0,700
Allgaü.	14,70	15	2,05	0,650	0,650
Hongroise.	10,10	14	2,30	0,715	6,650
Hongroise-Allgaü.	12,85	14	2,10	0,789	0,720

RACES.	QUANTITÉ ANNUELLE DE LAIT produit, réduite selon la qualité.	LAIT PRODUIT par 50 kilogr. de foin.	POIDS MOYEN de VIANDE NETTE	
			D'une vache.	D'un veau.
	litres.	lit.	kil.	kil.
Hollandaise..	3,006	26,60	350	44,700
ANGLAISES.				
Teeswater.	2,296	22,10	325	37,560
Yorkshire polled.. . . .	2,587	24,75	300	59,360
Suffolk polled.. . . ı . .	1,965	20,50	255	56 »
Devonshire.	1,469	17,60	235	25,350
Herefordshire.	1,212	14,70	260	23,700
Alderney..	2,020	24,20	210	22 »
SUISSES.				
Schwyz..	2,847	27,40	260	44 »
Uri et Hasli.	2,296	26,40	260	30,350
Gurten..	2,554	26,40	260	34 »
Mürzthal.	1,616	18,85	260	30,550
Hall.	2,150	24,20	235	30,550
Allgaü.	2,244	25,40	235	27 »
Hongroise.	0,771	8,75	260	27 »
Hongroise-Allgaü.. . . .	1,655	19 »	235	27 »

CHAPITRE VI

PRODUCTION, EMPLOI ET CONSOMMATION DU LAIT

Production du lait en France. — Il est extrêmement difficile d'évaluer avec exactitude la quantité de lait produite annuellement en France. Selon M. Cordier[1], « chaque vache donne en moyenne 2 litres 49 centilitres, ou 908 litres par année, ce qui, à 10 centimes le litre, donne un rendement moyen de 90 francs, y compris le lait consommé par les veaux ; et pour toutes les vaches, c'est au moins un revenu annuel de 500 millions de francs environ. »

Ces chiffres pouvaient être exacts, à l'époque à laquelle ils se rapportaient, mais ils doivent

[1] *Journal d'Agriculture pratique*, 1856, 2ᵉ semestre, p. 566.

être aujourd'hui au-dessous de la vérité; le bétail s'est accru en France depuis six ans dans une notable proportion.

La statistique agricole de la France, publiée par le ministère de l'agriculture, du commerce et des travaux publics, avec les documents recueillis par les commissions de statistique cantonale instituées au mois de juillet 1862, nous donnent d'ailleurs sur ce sujet des renseignements intéressants.

La dernière publication du ministère remonte à l'année 1860. Les chiffres qu'elle contient se rapportent au recensement de 1856; ils sont, ainsi qu'on va le voir, au-dessus des évaluations de M. Cordier.

Pour établir les tableaux résumés de la statistique officielle, on a rangé les départements français en plusieurs groupes, comprenant tous ceux qui se trouvent à peu près dans les mêmes conditions culturales; on a formé ainsi neuf régions composées de la manière suivante [1] :

1re *Région*. (Nord-Ouest.) — Calvados, Côtes-du-Nord, Finistère, Ille-et-Vilaine, Manche, Mayenne, Morbihan, Orne, Sarthe.

2e *Région*. (Nord.) — Aisne, Eure, Eure-et-Loir,

---

[1] Les trois nouveaux départements de la Savoie, de la Haute-Savoie et des Alpes-Maritimes ne sont pas compris dans cette statistique.

Nord, Oise, Pas-de-Calais, Seine, Seine-Inférieure,. Seine-et-Marne, Seine-et-Oise, Somme.

3ᵉ *Région*. (Nord-Est.) — Ardennes, Aube, Marne, Haute-Marne, Meurthe, Meuse, Moselle, Bas-Rhin, Haut-Rhin, Vosges.

4ᵉ *Région*. (Ouest.) — Charente, Charente-Inférieure, Indre-et-Loire, Loire-Inférieure, Maine-et-Loire, Deux-Sèvres, Vendée, Vienne, Haute-Vienne.

5ᵉ *Région*. (Centre.) — Allier, Cher, Creuse, Indre, Loir-et-Cher, Loiret, Nièvre, Puy-de-Dôme, Yonne.

6ᵉ *Région*. (Est.) — Ain, Côte-d'Or, Doubs, Isère, Jura, Loire, Rhône, Haute-Saône, Saône-et-Loire.

7ᵉ *Région*. (Sud-Ouest.) — Ariége, Dordogne, Haute-Garonne, Gers, Gironde, Landes, Lot-et-Garonne, Basses-Pyrénées, Hautes-Pyrénées.

8ᵉ *Région*. (Sud.) — Aude, Aveyron, Cantal, Corrèze, Hérault, Lot, Lozère, Pyrénées-Orientales, Tarn, Tarn-et-Garonne.

9ᵉ *Région*. (Sud-Est.) — Basses-Alpes, Hautes-Alpes, Ardèche, Bouches-du-Rhône, Drôme, Gard, Haute-Loire, Var, Vaucluse, Corse.

On trouvera dans le tableau suivant le nombre de vaches que possède la France, ainsi que le revenu moyen produit par une vache en lait, beurre, fromage, veau, engrais et travail. Ce tableau indique encore la quantité moyenne de lait donnée annuellement par une vache, et le prix moyen d'un litre de lait dans chacune des neuf régions instituées par l'administration de l'agriculture.

RÉGIONS.	NOMBRE DE VACHES.	REVENU produit par UNE VACHE (lait, beurre, fromage, veau, engrais, travail).		QUANTITÉ MOYENNE DE LAIT donnée annuellement par une vache.	PRIX moyen D'UN LITRE DE LAIT.	
		fr.	c.	litres.	fr.	c.
1re	1,136,853	109	»	1,017	»	10
2e	961,139	259	»	1,624	»	12
3e	737,693	175	»	1,165	»	12
4e	538,573	120	»	875	»	12
5e	682,235	116	»	731	»	12
6e	752,802	146	»	934	»	12
7e	445,321	127	»	551	»	14
8e	561,400	151	»	654	»	16
9e	165,259	256	»	845	»	20
	5,781,465	160	»	933	»	13

On voit que le nombre des vaches en France (non comprises les génisses au-dessous d'un an), s'élève à 5,781,465. Leur revenu moyen, par année, est de 160 francs, y compris leur travail, leur veau et l'engrais. Elles produisent en moyenne, par année, 933 litres de lait, qui, à 0 fr. 13 c. le litre, donnent une somme annuelle de 121 fr. 30 c.,

et pour toutes les vaches de 700 millions de francs
Il reste donc 38 fr. 70 c. seulement pour la part
annuelle de bénéfice attribuée au travail, au veau
et au fumier.

Dans le tableau suivant, on trouvera l'indication
de la quantité de lait nécessaire pour faire un
kilogramme de beurre ou de fromage, et le prix
moyen du beurre et du fromage dans les neuf régions françaises. Ce tableau complète le premier
et donne des renseignements qu'il peut être bon de
consulter à l'occasion.

RÉGIONS.	QUANTITÉ DE LAIT nécessaire pour faire un kilog. de BEURRE.	PRIX D'UN KILOG. de BEURRE.		QUANTITÉ DE LAIT nécessaire pour faire un kilog. de FROMAGE.	PRIX D'UN KILOG. de FROMAGE.	
	litres.	fr.	c.	litres.	fr.	c.
1re	27	1	25	9	»	75
2e	28	1	77	10	»	77
3e	26	1	35	11	»	56
4e	22	1	32	10	»	68
5e	26	1	29	13	»	56
6e	26	1	39	12	»	69
7e	21	1	74	10		75
8e	25	1	65	11	»	91
9e	24	1	72	12	1	07
	25	1	50	11	»	75

Divers emplois du lait. — Là où on entretient des vaches seulement pour les besoins d'un ménage, on consomme une partie du lait en nature, et avec le reste on fait du beurre et du fromage. Dans les grandes exploitations où les produits de la laiterie sont destinés à la vente, c'est ordinairement la position locale qui détermine l'emploi de ces produits.

Dans le voisinage des villes on vend le lait à l'état frais, et c'est ainsi qu'on obtient le revenu le plus considérable de l'entretien des vaches.

Si on ne peut pas vendre le lait frais, on fabrique du beurre et on obtient par là le profit le plus voisin de celui qu'on retire en vendant le lait en nature. Cette opinion est celle de David Low pour l'Angleterre, et elle est aussi la mienne. Si le marché est éloigné, on sale le beurre.

Enfin la troisième espèce de laiterie est principalement destinée à la fabrication du fromage. Dans le plus grand nombre d'exploitations agricoles, la fabrication du fromage est combinée avec celle du beurre. Nous reviendrons sur ces différents points dans la troisième et dans la quatrième partie de cet ouvrage.

Élevage économique des veaux. — Le lait sert avant tout à l'alimentation des jeunes veaux. Si dans les exploitations qui avoisinent les grandes villes on achète toutes les vaches dont on a besoin, dans les fermes plus éloignées où la laiterie est le principal produit, on veut cependant élever des veaux, au moins pour remplacer les vaches à réformer chaque année.

Dans certaines de ces fermes, — en Angleterre, — on choisit une vache bonne laitière, ayant récemment vêlé, pour servir de nourrice aux veaux d'autres vaches dont le lait est en totalité absorbé par la fromagerie. On donne à cette nourrice jusqu'à quatre veaux à la fois, et on les fait teter le matin et le soir. Au bout de dix ou quinze jours, les jeunes animaux commencent à manger un peu de farine, de tourteau de lin, ou de bon foin tendre, puis peu à peu on leur fait boire une infusion de foin. Au bout de dix à douze semaines on cesse de les faire teter et on donne à la vache quatre autres veaux[1] ou trois, ou seulement deux, selon la quantité de lait qu'elle fournit encore. De cette façon on élève dans une année jusqu'à dix veaux avec une seule vache.

M. Simonds cite un cultivateur bien connu, qui

---

[1] Si l'on n'a qu'un veau à élever et à donner à une vache qui a assez de lait pour en nourrir deux, on trait d'abord deux trayons, et ensuite on abandonne au veau les deux autres.

a réussi à élever jusqu'à quarante veaux dans une seule année avec quatre nourrices. M. Symonds affirme avoir adopté lui-même ce système avec un plein succès, et il n'est guère possible de concevoir un moyen plus simple et plus rationnel d'obtenir tout le lait d'un certain nombre de vaches sans sacrifier les veaux.

Emploi du lait de beurre et du lait caillé. — Si l'on fabrique du beurre pour la vente, il reste le lait de beurre et le lait caillé, qui sont employés à élever des veaux, à engraisser des cochons, et qui fournissent des fromages maigres pour la consommation du ménage.

Petit-lait ; complément de nourriture pour les veaux. — Dans beaucoup de fermes où le lait est employé à fabriquer du fromage, on élève aussi des veaux avec le petit-lait ; mais cette nourriture est insuffisante et ne peut pas assurer aux jeunes animaux un développement vigoureux.

Le lait, tel qu'il sort du pis de la vache, est la nourriture normale du veau, l'aliment complet que la nature a préparé pour lui. Si on écrème le lait, on enlève la plus grande partie du beurre qu'il contient, et le caséum reste en totalité ; mais si on fait du fromage, on enlève le beurre et le fromage, et il ne reste que le petit-lait, qui ne peut pas suffire pour une bonne alimentation du veau. J'y ai ajouté du tourteau de lin, de l'huile pour remplacer le beurre, de la mélasse, recommandée par je ne sais plus quel lord anglais, et tous ces suppléments passablement chers n'ont pas réussi. Je n'ai pas essayé le thé de foin, parce que je n'ai pas de foin de première qualité que je crois pour cela indispensable.

On peut employer le petit-lait seulement lorsque le veau a été nourri de lait pur pendant dix ou douze semaines, et encore je conseillerais de ne pas passer brusquement au petit-lait, mais de donner d'abord du lait écrémé. Au petit-lait, on doit toujours ajouter du tourteau de lin ou de la farine.

Dans le voisinage des villes, où la vente du lait est assurée à des prix avantageux, on n'élève pas de veaux, on achète les vaches, on les conserve aussi longtemps qu'elles donnent du lait, puis on les vend pour les remplacer par d'autres. Dans des positions éloignées, où il convient d'élever au moins les bêtes dont on a besoin, on ne peut pas convertir en fromage la totalité du lait, et il faut que les veaux reçoivent leur première nourriture en lait doux, ensuite en lait encore doux, mais écrémé, puis en lait caillé. Le petit-lait, auquel on ajoute des pommes de terre et du grain égrugé, sert ordinairement à l'engraissement des cochons.

Consommation du lait par les cultivateurs en France et en Allemagne. — Je l'ai déjà dit, en France, on ne consomme pas assez de lait. Quand le bon roi Henri IV souhaitait que chaque paysan pût mettre la poule au pot, il exprimait un vœu qui prouvait son amour pour les pauvres habitants de la campagne, soumis à tant de fatigues et à tant de privations. Mais, plus éclairé, Henri IV n'eût pas demandé pour eux la poule au pot le dimanche, il eût voulu qu'ils eussent d'abord du laitage en abondance tous les jours, puis, deux ou trois fois par semaine, un demi-kilogramme de bœuf pour chaque membre de la famille.

A l'appui de mon opinion, que les cultivateurs français ne consomment pas assez de laitage, voici des détails de la nourriture des valets de ferme en Allemagne et en France :

§ I. — Nourriture des gens d'une ferme du grand-duché de Bade.

Le déjeuner de tous les jours est une soupe, alternativement une soupe au lait et une soupe au beurre et à la crème.

4

	DINER.	SOUPER.
Dimanche. .	Soupe de gruau, choucroute et viande de porc salée.	Soupe, salade, pommes de terre avec une sauce ou mets de farine.
Lundi	Soupe à la Rumfort et mets de farine.	Soupe, lait écrémé avec pommes de terre cuites à la vapeur.
Mardi.	Soupe, viande de boucherie, pois ou lentilles.	Soupe aux pommes de terre, lait écrémé avec pommes de terre.
Mercredi. . .	Soupe à la crème, fruits secs cuits et mets de farine.	Soupe à la farine, lait écrémé avec pommes de terre.
Jeudi.	Soupe à l'orge, viande de boucherie et pommes de terre.	Soupe, lait écrémé avec pommes de terre.
Vendredi. . .	Soupe à la Rumfort, bouillie de farine ou de gruau.	Soupe, lait écrémé avec pommes de terre.
Samedi. . . .	Soupe et mets de farine.	Soupe, lait écrémé avec pommes de terre.

On compte pour chaque homme 250 grammes de viande de boucherie.

Le lait écrémé du souper est le lait du matin qui est encore doux, mais dont on a enlevé la crème.

Quant aux soupes, elles sont variées, mais jamais au lard. La cuisine allemande, même la plus simple, est très-riche en potages, de même qu'en mets préparés avec de la farine (*Mehlspeise*).

La farine est celle de blé ou d'épeautre ; on y ajoute des œufs, quelquefois de la levûre ; on fait cuire à l'eau et on accommode ensuite avec du beurre, ou bien on fait cuire dans du lait, ou on fait frire dans la poêle.

Ces préparations de farine, mets très-aimés, varient à l'infini. Les pommes de terré du souper sont généralement cuites non pelées à la vapeur ; quelquefois cependant elles sont pelées, et cuites à l'eau de sel.

§ II. — Nourriture des gens d'une ferme de la Saxe.

Tous les jours, à déjeuner, une soupe au lait.

A dîner, de même une soupe au lait et un plat de légumes ou de gruau, ou un mets de farine.

A souper, soupe au lait et purée de pommes de terre.

Pendant l'été, le lait est servi froid.

De deux en deux dimanches ou jours de fête, par personne, 250 grammes de viande de boucherie.

, Pendant la moisson, deux ou trois fois par se-maine, de la viande.

Aux grandes fêtes, double portion de viande, de la bière et du gâteau.

La consommation de pain est estimée à 9 litres de grain par personne et par semaine; celle du beurre, à 250 grammes aussi par personne et par semaine.

§ III. — Nourriture des gens d'une ferme à Mergenthau.

Le déjeuner de tous les jours est invariablement une soupe au pain.

	DINER.	SOUPER.
Dimanche...	Soupe au bœuf, choucroute.	Viande de bœuf, salade.
Lundi.....	Nudeln, riz.	Soupe, pommes de terre ou salade.
Mardi.....	Nudeln, choux ou colraves.	Soupe, kutteln.
Mercredi...	Nudeln, choux ou navets.	Soupe, pommes de terre ou salade.
Jeudi.....	Nudeln, pommes de terre.	Soupe, nudeln.
Vendredi...	Nudeln, choux ou navets.	Soupe, pommes de terre, ou salade.
Samedi....	Nudeln, pois ou orge.	Soupe, nudeln.

Les nudeln sont un mets préparé avec de la farine de blé, ordinairement de la fleur de farine et des œufs.

La consommation du pain, outre celui qu'on emploie pour faire la soupe, est de $\frac{1}{2}$ kilogramme par tête.

La soupe fait tous les jours le déjeuner.

Les *nudeln* à dîner six fois, à souper deux fois.

On peut reprocher à cette nourriture qu'elle est trop végétale. Mais la grande quantité de beurre qu'elle exige fait voir qu'on l'a en abondance et qu'on ne le ménage pas.

§ IV. — Nourriture des gens d'une ferme du Nivernais.

Le matin, soupe au lard fondu et pommes de terre rondes. (Je pense que ce sont des pommes de terre cuites à l'eau non pelées.)

A midi, des pommes de terre fricassées au lard fondu, ou des haricots, ou des beignets frits à l'huile, quelquefois de la viande de porc avec des pommes de terre.

Le soir, de la soupe seulement.

Du vin une fois par jour, excepté en hiver.

Le pain est de seigle pur, souvent même sans être séparé du son.

Dans la Bavière rhénane, les pommes de terre, les mets de farine et le laitage font la base de la nourriture des gens des fermes.

On leur donne du porc salé trois fois par semaine, rarement de la viande de boucherie[1]. Le salé ne sert qu'à cuire les légumes; on ne connaît pas la soupe au lard. Le lait caillé et les pommes de terre cuites à la vapeur sont le souper national; au déjeuner, la soupe aux pommes de terre; le fromage blanc à déjeuner et à goûter.

Dans les fermes du duché de Bade, les gens sont certainement très-bien nourris. Dans la ferme saxonne, la nourriture n'est pas assez tonique; mais pourtant le régime alimentaire des peuples de l'Allemagne est la preuve et la conséquence d'un nombreux bétail, cause première de la supériorité de l'agriculture allemande.

Ce régime n'est pas non plus débilitant comme on pourrait le supposer; on connaît la belle et vigoureuse constitution des habitants des Alpes, qui vivent presque uniquement des produits de la laiterie.

---

[1] Depuis que ceci a été écrit, la consommation de la viande de boucherie a beaucoup augmenté, et au moins tous les dimanches ils ont à dîner du bœuf et un potage au riz. Ce jour-là, le déjeuner se compose de café au lait dont l'usage devient de plus en plus général.

Les Anglais et les Allemands mangent très-peu de pain; les Français en mangent trop. Un propriétaire de la Picardie me dit que chez lui on estime à 2 kilogr. de pain, la quantité que consomme journellement un valet de ferme. Un Allemand a de la peine à croire ce fait, de même que des Français pourront douter de ma véracité, si je leur dis que je connais des Prussiens et des Suisses qui ne mangent pas une bouchée de pain, si ce n'est dans la soupe.

Nous sommes témoins d'un grand nivellement qui s'opère en Europe. La paix, la facilité toujours croissante des communications, les relations de plus en plus fréquentes des peuples entre eux, effacent successivement les différences dans les modes, les usages, les mœurs, et finiront par confondre dans une grande famille les habitants au moins du centre du continent européen.

Produit de la laiterie et consommation du lait en Angleterre. — Il serait difficile d'évaluer, même approximativement, la valeur et la quantité du lait consommé par les trente-cinq millions d'habitants des Iles-Britanniques. On peut cependant raisonnablement estimer à une demi-pinte ($0^{\text{lit}}236$) de lait la consommation journalière, sous ses différentes formes, de chaque individu, ce qui produirait 2,570,090,667 litres, et, à environ 18 c. le litre, la somme de 475,260,400 fr., outre plus de 900 millions de litres employés à l'élevage et à l'engraissement des veaux.

Quelque considérable que soit cette production, elle est insuffisante pour les besoins des habitants des Iles-Britanniques, et l'on importe encore du beurre et du fromage que le pays pourrait facilement fournir si l'on donnait un développement convenable aux laiteries indigènes.

Des évaluations ci-dessus du professeur David Low il résulterait :

1° Que l'Angleterre produit annuellement en lait :

Pour la consommation des
hommes. . . . . 2,590,092,667 lit.
Pour la nourriture des veaux.   908,600,000

Total. . . . 5,498,692,667 lit.

2° Qu'il faudrait, pour faire un kilogramme de beurre :

En battant le lait avec la crème, environ 19 lit.
En battant la crème séparée du lait, 29 à 50 lit.

(Dans cette dernière évaluation, la quantité de lait est évidemment exagérée, ou il faut supposer que le lait est écrémé bien avant que la totalité de la crème soit montée.)

3° Qu'il faudrait, pour faire un kilogramme de fromage :

En lait avec toute sa crème, environ. .　8 litr.
En lait écrémé, environ. 10

4° Que le prix du beurre étant en moyenne de fr. 2,45 le kilogr., les 19 litres de lait nécessaires pour le faire seraient payés à raison de 13 c. le litre, ou les 30 litres à raison de 8 centimes l'un.

5° Que le prix du fromage gras étant de fr. 1,30 le kilogramme, les 8 litres de lait seront payés à raison de 16 c. le litre, et le prix du fromage maigre étant de environ 75 c., ce fromage paye les 10 litres de lait à raison de $7\frac{1}{2}$ c. l'un.

6° Enfin, qu'en faisant du beurre et du fromage maigre, on peut tirer du lait, au prix ci-dessus, $15\frac{1}{2}$ c. par litre.

Ces calculs reposent sur des bases bien incertaines, parce que la proportion de beurre que produit le lait varie à l'infini; cependant, tels qu'ils sont, ils offrent un grand intérêt, parce que chacun peut les refaire d'après les produits qu'il obtient réellement en beurre et en fromage et d'après les prix de vente, qui varient aussi suivant les localités.

Il y a cependant des considérations qu'on ne doit pas négliger. Si l'on peut vendre le lait frais chaque jour, et si l'on a un débit assuré, on peut se contenter d'un prix moindre, parce que de cette manière on a, avec le moindre embarras et presque sans frais, un produit assuré. Il n'est pas permis d'ajouter de l'eau au lait destiné à la vente; mais celui qui ne fait pas de beurre et qui vend le lait frais peut rechercher les vaches qui produisent la plus grande quantité de lait, sans égard à la qualité, et il peut les nourrir de manière à provoquer une abondante sécrétion de lait[1]. Cela, les fermiers peuvent le faire très-loyalement, et le moins bon lait, tel qu'il sort pur de chez eux, vaut encore mieux que celui qu'ordinairement les laitiers débitent dans les villes.

Quant à la comparaison de la fabrication du beurre à celle du fromage, il y a une considération importante dont il faut tenir compte : c'est que le fermier qui fabrique du beurre conserve le lait

---

[1] On sait, par exemple, que les vaches de la race hollandaise sont celles qui fournissent le plus de lait, mais que ce lait est aussi celui qui contient le moins de beurre.

caillé, qui a une si grande importance dans la ferme pour faire le fromage blanc frais et le fromage sec, et pour servir à la nourriture des hommes et à celle des veaux. Si, au contraire, on fait du fromage, on prend du lait le beurre et le fromage qu'il contient et, comme je l'ai déjà dit, il ne reste qu'un liquide contenant seulement un peu de sucre de lait, et qui a bien peu de valeur comme substance alimentaire.

CHAPITRE VII

ALTÉRATIONS ET FALSIFICATIONS DU LAIT

§ I. — Altérations du lait.

Le lait est sujet à de nombreuses altérations : il éprouve les unes dans le pis de la vache, les autres après qu'il en a été extrait. Les premières proviennent, ou de la bête même, ou des aliments.

Lait rouge. — Si le lait est légèrement coloré de sang, et qu'on ne remarque aucune altération dans la santé de la vache, tout le mal consiste ordinairement dans une petite plaie ou piqûre d'insecte à l'un des trayons. Dans ce cas, la couleur et la saveur du beurre ne sont pas altérées. Dans un haut pegré d'inflammation du pis, le lait est quelquefois mêlé de sang. Le lait peut encore être rouge dans le cas de *pissement de sang*.

Il y a des plantes qui teignent le lait et le beurre qui en provient. La garance colore même les os des animaux.

Lait aqueux, jaunâtre. — Dans les maladies très-aiguës, la sécrétion du lait est presque entièrement et subitement interrompue, ou bien diminue considérablement; il est aqueux, jaunâtre, et quelquefois mêlé de grumeaux caséeux.

Lait aqueux et bleuâtre. — Dans les maladies putrides, adynamiques, le lait devient d'abord aqueux et bleuâtre, puis les vaches le perdent totalement.

Le lait est quelquefois séreux, fluide, aqueux, contenant très-peu de parties butyreuses. Ce défaut peut provenir de la nourriture, ou d'un état maladif, ou d'une organisation particulière de la vache. Les jeunes vaches donnent un lait plus léger, et l'on sait aussi que le lait devient plus épais et plus riche en beurre, à mesure que les vaches avancent dans la gestation.

Lait jaunâtre et amer. — Le lait jaunâtre et amer est un indice d'affection du foie.

Lait gras et salé. — S'il est gras et d'un goût salé, il dénote une affection des poumons. Le sel à forte dose rend le lait salé. Des vaches paissant au bord de la mer ont donné du lait salé.

Lait aigre. — Lorsque le lait récemment trait prend un goût aigre, et tourne facilement si on le met en ébullition, c'est qu'il est surchargé de parties acides qui donnent lieu à la séparation de la partie albumineuse du sérum. La cause du mal paraît être un dérangement dans la digestion et la nutrition. Pour l'éloigner, on doit d'abord ne nourrir les vaches que d'aliments de bonne qualité; à de bon foin on joindra des boissons farineuses, et on leur donnera quelques amers toniques, tels que gentiane, baies de genièvre, semences de fenouil en poudre et mêlées de sel.

Le lait des vaches peut être acide sans être aigre.

L'analyse a fait voir que le lait des vaches des nourrisseurs de Paris est souvent acide, tandis que celui de vaches qui vivent en plein air, dans de bons pâturages, est toujours alcalin. Les chimistes conseillent de corriger cette acidité par l'addition d'une petite quantité de bicarbonate de soude, environ un demi-gramme de bicarbonate par litre de lait.

Moyens d'empêcher le lait de tourner. — Pendant les chaleurs le lait tourne facilement, même quand il est de bonne qualité. Les acides amènent la coagulation du lait, et les alcalis la préviennent. On a conseillé de mêler au lait quelques gouttes d'alcali volatil, et on a recommandé l'emploi du bicarbonate de soude, ainsi que je viens de le dire. Selon David Low et les chimistes français que j'ai déjà cités, la substance la plus convenable pour prévenir la coagulation du lait est le bicarbonate de soude. On fait dissoudre le sel cristallisé dans deux ou trois fois son poids d'eau froide, et on verse le mélange dans le lait jusqu'à ce qu'un papier de curcuma plongé dans le liquide conserve sa couleur jaune, ou plutôt jusqu'à ce qu'il passe au jaune brun.

Le lait ne doit être agité et exposé à l'air que le moins possible. Si les vaches sont traites dehors, le lait souffre déjà dans le transport du pâturage à la ferme.

Une bonne précaution pour le lait destiné à être transporté pendant les chaleurs, c'est, immédiatement après qu'il vient d'être trait, de le verser dans des vases de cuivre étamé ou de fer-blanc qui sont plongés dans l'eau froide, courante s'il est possible, de manière à abaisser la température du lait au-dessous de 10 degrés centigrade. On le met ensuite dans les vases destinés à le transporter, en ayant soin qu'ils soient bien remplis et bien bouchés.

Un moyen simple et sûr d'empêcher le lait de tourner, c'est de le faire bouillir avant de l'expédier. Il vaut mieux le faire bouillir au bain-marie qu'à feu nu.

On a dit qu'un peu de café ajouté au lait l'empêche de tourner. — On prétend encore que, si on met une cuillerée de raifort sauvage dans une terrine de lait, ce lait conservera sa douceur pendant plusieurs jours. Ces recettes ne réussissent peut-être pas toujours, mais il est bon de les connaître, parce que l'on peut quelquefois les appliquer avec profit.

Lait bleu. — Le lait prend quelquefois une nuance bleuâtre ; il se forme à sa surface des points bleus dans les pots à lait. On attribue cette affection du lait au défaut de propreté des vases, et surtout de l'endroit où on les dépose, et qui renferme un air humide et épais. On l'attribue aussi à la nourriture des vaches. Beaucoup de plantes ont été indiquées comme pouvant produire cet effet : *caltha palustris, trifolium cæruleum, equisetum vulgare, equisetum arvense, mercurialis perennis, mercurialis annua,* etc. Les deux causes indiquées de cette maladie du lait peuvent se compliquer et exister ensemble. Le lait bleu se présente très-rarement chez des vaches bien nourries et bien soignées, tandis qu'il n'est pas rare dans le cas contraire. Les graines de fenouil, d'anéthum, de cumin (*carum carvi*), l'herbe à mille feuilles, pulvérisées et mêlées, sont les moyens préconisés pour faire disparaître cette altération ; mais, avant tout, un bon régime et la propreté sont de nécessité indispensable.

Selon un vétérinaire allemand, en ajoutant au lait qui vient d'être trait, un peu de lait de beurre (une cuiller à café de lait de beurre pour 3 à 4 litres de lait), on fait complétement disparaître la couleur bleue.

Lait épais et visqueux. — Le lait devient aussi quelquefois épais et visqueux. Cet accident provient d'un état maladif de la vache; il faut donc chercher à le reconnaître, avoir égard au régime, aux aliments de la bête, et employer les moyens convenables pour la remettre dans un bon état de santé. Le lait qu'on appelle filant peut provenir d'aliments avariés qui attaquent les voies digestives.

Cette maladie du lait a souvent fait beaucoup de tort à des propriétaires de vaches, et je connais d'habiles vétérinaires qui n'ont pu trouver ni les causes du mal ni les moyens de le guérir. Selon M. Girardin (de Rouen) le mal provient d'une surabondance d'albumine dans le lait, et le remède auquel on doit avoir recours est une boisson acidulée par l'acide nitrique. M. Girardin a donné à cette maladie le nom de *albuminerie lactaire*.

Lait amer. — La saveur amère du lait et la rancidité du beurre sont aussi des accidents aussi fréquents, et qu'on croit dépendre uniquement de la nourriture. On suppose que cette propriété est communiquée au lait par les pailles d'avoine et d'orge, les feuilles d'artichaut, les navets donnés en fourrage avec leurs feuilles et leurs tiges, etc. Les tourteaux, si les vaches en consomment une forte ration, donnent au lait un goût désagréable. Les résidus de distillerie produisent le même effet. Les genêts en fleur, employés pour litière, lui communiquent aussi un très-mauvais goût. Comme la qualité et la saveur du lait sont le résultat des aliments qui servent à sa production, il est encore beaucoup d'autres plantes qui peuvent avoir de l'influence sur le lait ; dans tous les cas, cette influence est facile à reconnaître et à éloigner.

On croit que les poisons passent dans le lait.

Il n'y a aucun doute que les propriétés alimentaires du lait ne varient selon la nourriture et le régime des vaches, et ce fait devrait souvent être pris en considération par les parents pour les enfants, et par les médecins dans certains cas de maladies.

Lorsqu'une vache est en chaleur, il en résulte une diminution et souvent une altération du lait.

Le fait des genêts en fleur, employés pour litière, et que j'ai observé chez moi, prouve quelles influences souvent inaperçues a quelquefois le défaut de litière et de propreté.

Altération du lait caillé. — Dans le pays que j'habite, les paysans consomment, comme aliment, une grande quantité de lait caillé. J'ai entendu fréquemment des plaintes sur le mauvais goût de ce lait, lorsque ni le lait doux ni le beurre n'avaient aucune saveur désagréable, et sans qu'on pût attribuer cet accident ni à la nourriture ni à l'état maladif d'une vache; j'ai même vu qu'on était obligé de vendre des vaches pour cette unique cause. Il existe nécessairement dans ce cas un vice organique que nous ne pouvons découvrir.

La glande qui forme le pis de la vache peut aussi subir des altérations telles que le lait est aussi plus ou moins altéré, visqueux, grumeleux, etc. J'ai réformé, il n'y a pas très-longtemps, une vache à laquelle je tenais beaucoup, et chez laquelle cette altération avait résisté aux remèdes et s'était présentée trois années consécutives.

Quelquefois le lait se caille très-promptement et ne donne que très-peu de crème. Cela est dû aux vapeurs acides qui, s'accumulant dans la laiterie, sont absorbées par le lait. Les orages produisent souvent cet effet.

Diminution du lait. — Un autre accident auquel les ménagères ne sont pas moins sensibles qu'aux diverses altérations du lait que nous venons d'indiquer, c'est une diminution considérable du lait, sans que les vaches présentent aucun signe de maladie, et sans qu'on puisse découvrir aucune cause du mal, ni dans la nourriture, ni dans le régime.

Il est reconnu qu'à la suite des maladies aiguës, et même dès leur invasion, la sécrétion du lait diminue et cesse tout à fait, pour ne reparaître que quand la vache est guérie, souvent même seulement après qu'elle a fait un veau. Ceci a particulièrement lieu lorsque le traitement de la maladie a nécessité l'emploi du camphre.

Lorsqu'une diminution sensible du lait a lieu sans cause apparente, on doit supposer qu'il existe une altération dans le système lymphatique et dans les organes où s'opère la sécrétion du lait. Dans ce cas, on a souvent obtenu d'excellents effets de l'emploi du mélange suivant :

Soufre doré d'antimoine. . . .   15 grammes.
Graine de fenouil.   90   —
    —   d'anethum.   90   —
Baies de genièvre.   90   —

Le tout étant pulvérisé et exactement mêlé, on en donne par jour deux cuillerées dans du son mouillé ou de l'orge égrugée.

La diminution du lait dépend aussi de la négligence qu'on a mise à traire les vaches à fond. La meilleure vache peut être ainsi gâtée, et il peut en résulter des engorgements du pis.

§ II. — Falsifications du lait.

Du plus loin que je me souvienne, les habitants des villes se sont toujours plaints, non sans raison, qu'on leur vend du lait falsifié. Ordinairement les laitiers ou laitières se contentent d'y ajouter de l'eau. C'est la plus simple, et, si je puis m'exprimer ainsi, la plus inoffensive des sophistications, puisque l'hygiène n'a pas à en souffrir; mais enfin c'est une falsification. Toute falsification est une fraude, et celle-ci, comme les autres, est poursuivie par les tribunaux avec une rigoureuse justice.

On a beaucoup cherché les moyens de constater d'une manière rapide et pratique les falsifications

du lait; on a inventé des aéromètres, des galacto-
mètres et autres instruments destinés à apprécier
les qualités du lait par la connaissance de sa densité
ou pesanteur spécifique; mais on n'a pas obtenu de
ces appareils les résultats qu'on en attendait. Comme
l'huile et la graisse sont plus légères que l'eau, on
devrait croire que le lait le plus gras, le plus riche
en crème, est aussi le plus léger; cela n'est cependant
dant pas, et, par suite de la combinaison des autres
principes constituants, le meilleur lait est un peu
plus lourd que celui qui est moins bon. La densité
n'est pas non plus la mesure exacte de la richesse
en crème du lait, et, comme cette densité peut être
modifiée de mille manières par ceux qui se livrent
à des falsifications, c'est une circonstance à laquelle
on ne peut pas avoir égard d'une manière absolue pour apprécier la qualité du lait.

Il en est du lait comme du vin : pour un juge
compétent, le meilleur de tous les instruments propres à dévoiler les falsifications est le palais. Le lait
falsifié peut être facilement reconnu, à la couleur
et au goût, par ceux qui ont l'habitude et la connaissance du bon lait pur. Quant au lait auquel on
a ajouté de l'eau, il est facile à reconnaître. Sa consistance est moindre; il a une couleur bleuâtre;
son odeur est presque nulle et sa saveur fade.

On a accusé les laitiers d'ajouter au lait qu'ils vendent des substances étrangères dans le but de dissimuler la fraude commise par l'addition de l'eau.

L'amidon est ainsi employé, dit-on, pour rendre au lait étendu d'eau sa couleur blanche et sa consistance. Les blancs d'œuf battus servent, paraît-il, à faire mousser le lait. On soupçonne encore les laitiers de faire usage de gomme adragante, de fécules et de mille autres substances farineuses ou albumineuses pour rendre au lait l'aspect et la saveur qu'il doit avoir quand il est bien pur. On a été jusqu'à les accuser d'employer dans ce but des cervelles d'animaux morts ; je ne sais ce qu'il y a de fondé dans cette assertion. Quoi qu'il en soit, ces diverses falsifications sont bien faciles à reconnaître pour un chimiste exercé ; mais je sortirais du cadre de cet ouvrage en m'étendant davantage sur ce sujet. L'agriculteur vend son lait pur aux laitiers ; il n'a pas à s'occuper des sophistications qu'on lui fait subir dans le commerce. Je renverrai donc les lecteurs qui désireraient avoir de plus amples détails sur cette question à l'excellent livre de M. Chevalier sur les falsifications des substances alimentaires.

§ III. — Lactomètre et galactomètre.

Lactomètre. — S'il n'y a pas d'instruments qui puisse dévoiler immédiatement les falsifications du lait, on n'en doit pas moins recommander aux cultivateurs l'emploi du *lactomètre* comme faisant facilement et avec certitude connaître la quantité de crème que contient le lait. Cette donnée est intéressante pour constater l'influence de la nourriture des vaches sur le lait, pour comparer la richesse du lait de plusieurs vaches soumises au même régime, pour comparer le lait d'une vache fraîche au lait de la même vache à mesure qu'elle avance dans la gestation, pour comparer le premier lait au dernier lait de la même traite d'une même vache.

J'ai déjà dit qu'à mesure qu'une vache avance dans la gestation, le lait diminue en quantité, mais augmente en qualité, en ce qu'il devient plus riche en crème ; j'ai dit aussi que déjà, dans le pis de la vache, le lait semble subir la loi de la pesanteur spécifique par suite de laquelle les parties butyreuses, plus légères, tendent à se placer au-dessus des parties caséeuses. Le lait trait le dernier est beaucoup plus riche en crème que celui qui est trait le premier. Cela est si bien connu, que ces deux qualités de lait ont chacune en allemand leur nom :

le premier est *vorlauf,* le second, *nachdruck;* et bien des ménagères qui vendent du lait, et qui ne se permettraient jamais d'y ajouter de l'eau, ne se font pas scrupule de livrer à leurs pratiques le premier lait trait, en conservant pour elles le dernier. De même ceux qui vendent du lait et le livrent pur aux acheteurs croient qu'il leur est permis de nourrir les vaches de manière à en obtenir la plus grande quantité de lait, sans s'inquiéter s'il contient plus ou moins de crème.

Je dois cependant faire observer qu'une certaine quantité de crème ne produit pas toujours la même quantité de beurre; il y a même des différences considérables. L'utilité du lactomètre n'en est pas moins réelle, et, après en avoir indiqué l'emploi, je passe à sa description.

Le lactomètre est un tube de verre de $0^m,16$ de hauteur, $0^m,035$ de diamètre intérieur, ouvert par le haut, fermé par le bas et porté par un pied circulaire. Ce tube peut contenir un peu au delà de deux décilitres. A partir de sa base, on a marqué, par un cercle gravé au diamant, chaque demi-décilitre, c'est-à-dire la hauteur à laquelle atteindraient $\frac{1}{2}$, 1, 1 $\frac{1}{2}$ et 2 décilitres de liquide, si on les versait dans le tube. La hauteur du tube, depuis le fond jusqu'au quatrième cercle qui marque 2 décilitres, a été partagée en 100 parties égales, et à partir de ce cercle ultime où se trouve marqué le zéro (0°) de l'échelle, c'est-à-dire le point où elle commence par en haut, on a gravé sur le verre, en descendant, 30 de ces degrés ou parties égales.

Voici maintenant comment on fait usage de cet instrument. On verse du lait dans le tube jusqu'au cercle supérieur marqué 0. Le lait, pour éviter l'écume qui se forme à sa surface, doit être versé avec beaucoup de précaution, et le mieux est de le faire arriver par un très-mince tube d'entonnoir jusqu'au fond de l'appareil. On l'abandonne ensuite à lui-même. La crème monte peu à peu, et, lorsqu'elle a cessé de monter, on lit sur l'échelle le nombre de degrés ou centièmes qu'elle occupe, et cette proportion indique la richesse en crème du lait. Par exemple, si l'on trouve, après 24 heures, que la crème occupe 14 degrés de l'échelle graduée, on en conclura que le lait fournit 14 pour 100 de crème.

Des expériences comparatives ont prouvé que dans un même lait pur, puis mélangé avec un quart, moitié et trois quarts d'eau, l'épaisseur de la couche de crème diminue proportionnellement à la quantité de lait enlevé et remplacé par de l'eau, ou que le nombre de degrés occupés par cette crème indique très-approximativement la richesse du lait.

Si le lactomètre permet de déterminer avec assez de précision la quantité de crème contenue dans le lait, il ne peut cependant pas faire connaître exactement la quantité de beurre qu'on en obtiendra. Selon la nourriture des vaches, souvent aussi selon des circonstances qu'on ne peut pas apprécier, il y a de grandes différences dans la quantité de beurre extrait d'une certaine quantité de crème.

Le lactomètre n'est pas, comme on le voit, un instrument qu'on puisse employer sur un marché à la constatation des fraudes. Néanmoins il fournit aux cultivateurs des renseignements précieux, et, à ce titre, il doit toujours faire partie du matériel d'une laitere.

Galactomètre. — Avec l'instrument connu sous le nom de *galactomètre centésimal*, on opère d'une manière beaucoup plus rapide, mais sans obtenir de résultat certain. Celui dont on fait généralement usage est construit sur les mêmes principes que les aréomètres ordinaires. Il se compose d'une boule en verre, creuse, traversée par un axe également en verre, dont la plus longue branche porte une division et dont l'autre sert de lest pour maintenir la position verticale de l'instrument. Le premier degré, à l'extrémité de la tige, est marqué 50 ; le zéro, correspondant à l'eau distillée, et les 50 premiers degrés ne figurent pas sur l'échelle, parce qu'ils sont inutiles et qu'ils forceraient d'allonger démesurément la tige de l'instrument.

« L'échelle du galactomètre, dit M. Chevalier[1], est divisée en deux parties : l'une, coloriée partiellement en jaune (10° sont alternativement blancs et jaunes), sert à peser le lait avec sa crème ; l'autre, partiellement coloriée en bleu (10° sont alternativement blancs et bleus), sert à peser le lait écrémé. Le degré 50 étant à l'extrémité de l'échelle, la division est poussée jusqu'à 136 pour le lait non écrémé et jusqu'à 124 pour le lait écrémé.

« Chaque degré, à partir de 100, en remontant jusqu'à 50, représente 1/100 de lait pur ; ainsi 70° indiquent 70 pour 100 de lait pur, et par conséquent une addition de 30 pour 100 d'eau. Il en résulte que le nombre complémentaire de 100, ajouté au nombre de centièmes indiqués par le galactomètre, indiquera la quantité d'eau ajoutée au lait éprouvé. Au delà de 100, les degrés donnent les différentes densités du lait pur. L'évaluation des degrés est semblable pour l'échelle du lait écrémé. »

---

[1] *Dictionnaire des altérations et falsifications des substances alimentaires.*

Dans le lait naturel, non écrémé, à 15° cent.,
le galactomètre marque de 105 à 115°.

Les indications de cet instrument, il ne faut pas
l'oublier, n'ont rien d'absolu, et voici pourquoi :

La crème est le principe le plus léger de ceux
qui entrent dans la composition du lait; ainsi, en
diminuant la quantité de crème qu'il contient, on
augmente la pesanteur spécifique du lait. Mais l'eau
est aussi plus légère que le lait, et diminue sa densité en se mêlant avec lui. Si donc on enlève une
partie de la crème et qu'on la remplace par une
quantité proportionnelle d'eau (facile à calculer par
une simple règle de trois), il y aura une double falsification que l'instrument ne pourra pas faire reconnaître.

Il résulte de là qu'on ne peut apprécier exactement la richesse du lait qu'en laissant à la crème le
temps de se séparer du caséum et de monter; et
le *lactomètre* est, jusqu'à présent, le seul instrument qui permette de doser facilement dans la
pratique la quantité exacte de crème que contient
le lait.

DEUXIÈME PARTIE

DE LA LAITERIE

CHAPITRE PREMIER

LOCAL DE LA LAITERIE

Un des avantages que procure la vente du lait frais, c'est que l'on n'a pas besoin d'une laiterie, ni de tout le mobilier nécessaire pour la fabrication du beurre ou du fromage.

Mais il est bien rare qu'on soit placé dans des conditions telles, que le lait puisse être porté immédiatement au marché en sortant du pis de la vache.

D'ailleurs, dans la majeure partie des exploitations rurales, on fait toujours un peu de beurre, et surtout du fromage, pour la consommation des gens de la ferme, en sorte que la laiterie est presque toujours le complément indispensable de l'étable à vaches. Je crois donc devoir donner ici quelques détails sur sa construction et sur les ustensiles nécessaires aux diverses manipulations qu'on fait subir au lait.

Je dirai tout d'abord que les laiteries, en France, sont en général mal entretenues. Nous avons perfectionné les procédés de culture ; nous employons des instruments améliorés ; notre bétail augmente en nombre, et sa conformation se modèle de plus en plus sur les meilleurs types connus ; les bâtiments d'exploitation, plus vastes et mieux disposés qu'autrefois, reçoivent des récoltes plus abondantes ; mais on ne s'est pas encore occupé de la laiterie, qui est trop souvent reléguée dans la pièce la plus obscure de la ferme et la plus mal disposée pour cet emploi.

Conditions que doivent réunir les laiteries. — Les conditions que doit réunir une bonne laiterie sont nombreuses. Il faut qu'on puisse y entretenir une rigoureuse propreté, et que l'eau des lavages ait un écoulement facile ; que l'air puisse s'y renouveler et y circuler à volonté. Lorsque le sol et les murs ont été lavés, ils doivent promptement sécher. Il faut, en outre, qu'on puisse y entretenir la température la plus favorable à la séparation de la crème. Enfin la laiterie doit être placée de telle sorte qu'elle soit sous la surveillance immédiate de la ménagère.

Une cave voûtée, profonde, sèche et fraiche, remplit assez bien ces conditions, et c'est pourquoi on installe très-souvent la laiterie dans une cave sous la maison d'habitation. Les caves taillées dans le rocher sont les meilleures, comme conservant une température plus basse et plus égale. On peut, au besoin, chauffer une laiterie; mais, si elle est trop chaude, c'est un défaut auquel il est bien difficile de remédier. Si l'on peut y avoir une eau courante, c'est un grand avantage pour assurer la propreté et maintenir la fraîcheur.

Division de la laiterie. — Une laiterie doit être divisée en deux parties : l'une contient uniquement le lait, depuis le moment où il vient d'être trait jusqu'au moment où il est écrémé; l'autre, qu'on nomme le lavoir, est la pièce dans laquelle on lave tous les ustensiles.

Dans les grandes laiteries, il y a deux autres pièces qui servent à la fabrication du beurre et à celle du fromage ; souvent même on fait sécher les fromages dans une chambre séparée, installée d'une manière toute spéciale.

Dans le lavoir, il doit y avoir une chaudière pour chauffer l'eau nécessaire aux lavages et pour fournir la vapeur qui doit au besoin chauffer la pièce qui contient le lait. C'est par des tuyaux remplis de vapeur chaude qu'il convient le mieux d'élever la température de cette pièce au degré voulu. Si on n'emploie pas ce moyen et qu'on la chauffe par un poêle, on doit faire le feu extérieurement, en évitant soigneusement de répandre dans l'intérieur de la laiterie toutes les odeurs désagréables, telles que celle de la fumée, qui pourraient se communiquer au lait.

On conçoit que la laiterie et le lavoir doivent être séparés de manière que la température de l'une soit tout à fait indépendante de la température de l'autre ; pour cela, une porte double est nécessaire.

Carrelage du sol et des murs. — Le sol de la laiterie doit être dallé avec soin, en y ménageant la pente et les rigoles nécessaires pour l'écoulement de l'eau. Les murs, jusqu'à la hauteur de $1^m,60$, doivent être revêtus d'un ciment ou de plaques de faïence. Là où on a le marbre à bas prix, il est précieux pour le plancher, pour revêtir les murs et pour les tablettes sur lesquelles on pose les vases à lait.

Ouvertures des laiteries. — La laiterie reçoit le jour par des ouvertures garnies de fenêtres, et, pour l'été, de persiennes, outre une toile métallique qui permet le passage de l'air et s'oppose à l'entrée des insectes. On peut, pendant l'hiver, couvrir extérieurement les fenêtres d'un paillasson.

Établissement des tablettes. — La laiterie, dans son pourtour, doit être garnie de tablettes, sur lesquelles ou place les vases à lait.

Là où la fabrication du beurre est le plus soignée, on condamne l'usage de placer les vases à lait sur le sol et surtout de les empiler les uns sur les autres. On veut qu'ils reposent sur une surface bien sèche et que l'air circule librement autour.

S'il n'y a dans la laiterie qu'une seule tablette, elle est construite en maçonnerie et recouverte d'un bon ciment, ou de marbre, ou de plaques de faïence ou d'ardoise. Mais on peut, sans nuire à la commodité du service, avoir trois tablettes l'une au-dessus de l'autre. La première reposera sur une maçonnerie, et sera élevée de 10 cent. au-dessus du sol ; la deuxième sera à 50 cent. au-dessus de la première, et la troisième à 50 cent. au-dessus de la deuxième. La deuxième et la troisième sont faites avec des madriers en bois dur et bien poli. Sur toute la longueur de chaque tablette, on laissera entre elle et le mur un espace vide de 5 cent.

Comme aujourd'hui, dans la construction des maisons, on remplace le bois par le fer, je pense que, dans une laiterie, on pourrait aussi remplacer par du fer le bois des tablettes. Pour former ainsi une tablette, je placerais, à $0^m,10$ l'une de l'autre, trois barres de fer, auxquelles je donnerais $0^m,015$ d'épaisseur sur $0^m,05$ de hauteur. Ces barres de fer, convenablement préparées pour les mettre à l'abri de la rouille, seraient plus faciles à tenir propres que le bois et auraient une durée indéfinie.

Au-dessus des trois tablettes destinées à recevoir les vases à lait lorsqu'ils sont remplis, il serait facile d'établir une quatrième tablette qui, à cause de sa hauteur, ne servirait qu'à serrer des vases vides. D'après l'espacement indiqué de $0^m,50$ des tablettes entre elles, et en évaluant à $0^m,5$ l'épaisseur de chaque tablette, la quatrième se trouverait à $1^m,75$ au-dessus du sol ; c'est une hauteur à laquelle une femme peut facilement atteindre pour placer un vase vide.

Le pourtour de la laiterie étant ainsi garni de tablettes, il y aura, au milieu, une table, et, si l'on est assez heureux pour avoir de l'eau courante, un bassin peu profond dans lequel, pour refroidir le lait, on peut placer les seaux lorsqu'ils arrivent de l'étable.

Étendue de la laiterie. — Quant à l'étendue de la laiterie, elle est difficile à déterminer. La *Nouvelle Maison rustique* dit que, selon Marshall, 20 pieds de long, sur 16 pieds de large, suffisent pour 40 vaches. Si l'on n'a dans la laiterie qu'une seule tablette pour placer les vases à lait, il faudra trois fois plus d'étendue que si l'on a trois tablettes. Si l'on se sert de vases larges et peu profonds, ils occupent plus de place que des pots moins larges et plus hauts. L'étendue de la laiterie peut être ainsi augmentée ou diminuée de beaucoup selon son installation intérieure et selon le matériel dont on dispose.

Si j'avais à construire une laiterie pour 40 vaches, je placerais tout autour trois tablettes ; je calculerais que chaque vache doit donner, par an, 3,000 litres de lait, et que le lait doit rester 48 heures dans la laiterie; 40 vaches fourniront par an 120,000 litres de lait, ce qui fait, pour deux jours, environ 700 litres. On peut compter sur 800 litres, parce qu'il arrive fréquemment que plusieurs vaches vèlent en même temps, et que l'on a ainsi par moments une production de lait qui dépasse de beaucoup la quantité moyenne de l'année.

Les terrines à lait du pays de Bray, indiquées par la *Nouvelle Maison rustique*, ont, en haut, $0^m,40$ de largeur; si chaque terrine contient 10 litres de lait, il faudra 80 terrines pour les 800 litres, et, pour les placer, il suffira d'un développement de tablettes de 32 mètres, ce qui donne une longueur de mur de 11 mètres pour trois tablettes établies l'une au-dessus de l'autre.

Ainsi, on aurait la place nécessaire pour resserrer le lait de 40 vaches dans une pièce de 4 mètres de longueur sur 3 mètres de largeur. Mais, comme il faut mettre une table au milieu, et réserver un espace suffisant pour circuler librement dans la laiterie, ces dimensions ne suffiraient pas, et je pense qu'il faudrait donner 5 mètres de longueur, sur au moins 3 mètres de largeur.

Les bases étant posées, chacun pourra soi-même faire ses calculs selon les circonstances particulières; mais rarement on est dans le cas de construire une laiterie toute neuve. Dans la plupart des fermes on trouve, pour une douzaine de vaches,

une cave ou un autre local qu'on organise soi-
même en laiterie; avec des soins et de la propreté,
on peut encore y faire d'excellent beurre.

Soins d'entretien et de propreté. — La laiterie,
tous les ustensiles qui en dépendent et la personne qui soigne le lait doivent être d'une propreté
rigoureuse; il ne suffit pas que les ustensiles en
bois soient lavés et essuyés, on doit encore les exposer à l'air et les laisser sécher. Sans cette précaution, ils prennent facilement un léger goût de
moisi, qu'ils communiquent au lait, à la crème et
au beurre.

Laiteries de la Saxe. — Dans une partie de la
Saxe (Erzgebirge), pays de montagnes où les eaux
abondent, chaque paysan a sa laiterie d'été devant
sa porte; c'est une auge en bois dans laquelle l'eau
se renouvelle continuellement. Cette auge est fermée par un couvercle qui permet la libre circulation de l'air, et les vases qui contiennent le lait y
nagent dans l'eau fraîche.

On a si bien reconnu les avantages de cette méthode, qu'on l'a introduite dans de grandes fermes,
en établissant dans le milieu de la laiterie un bassin
traversé par une eau courante, et dans lequel on
place les vases à lait en été.

En hiver, ces vases sont rangés sur des tablettes

disposées autour de la laiterie, qui est alors chauffée par un poêle.

On obtient d'autant plus de crème que le lait s'est refroidi plus promptement et que la séparation de la crème s'est opérée avec plus de lenteur.

Laiterie du domaine de Canisy. — M. de Kergorlay, lauréat de la prime d'honneur de la Manche en 1859, et membre de la Société centrale d'Agriculture, a publié dans le *Journal d'Agriculture pratique* la description complète de son domaine de Canisy[1].

Cette belle exploitation, qui peut, à bon droit, être prise comme modèle dans la contrée, renferme une laiterie très-bien disposée, que je vais décrire succinctement, en empruntant au *Journal d'agriculture pratique* les gravures qui accompagnaient le Mémoire de M. de Kergorlay. Cet exemple servira de conclusion aux lignes qui précèdent, et montrera comment on doit s'y prendre pour établir dans les meilleures conditions possibles un véritable laboratoire très-commode pour la manipulation du lait.

La gravure 2 donne le plan général de la laiterie de Canisy, à l'échelle de 0^m,002 pour 1 mètre.

On y entre par un vestibule qui la sépare de la

---

[1] T. II de 1859, p. 49.

maison, et dans lequel se trouvent en I une chaudière et son fourneau.

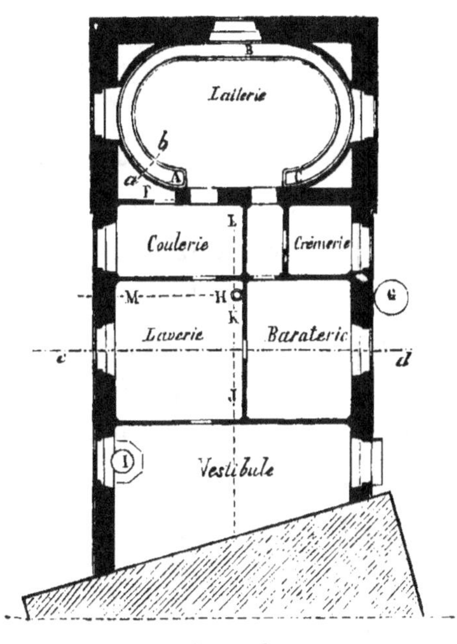

Grav. 2.

Plan général de la laiterie de l'exploitation
agricole de Canisy.

A la suite du vestibule vient la laverie, dans laquelle on nettoie les ustensiles. La laverie reçoit les
eaux de toutes les autres pièces, et les déverse en
dehors au moyen des canivaux J, K, L, M. Elle est
desservie par une pompe H, qu'alimente l'eau de
source d'un puits extérieur G. Cette pompe fournit

6.

également de l'eau à la baratterie, placée à droite sur le même plan, après le vestibule.

Les deux pièces suivantes sont la coulerie pour la fabrication des fromages, et la crémerie; elles sont séparées par un corridor qui aboutit à la laiterie proprement dite.

On voit que la crémerie et la laiterie sont séparées de la coulerie et de la layerie par des doubles cloisons. On a donc pris toutes les précautions voulues pour que le lait soit à l'abri des influences, si petites qu'elles soient, qui pourraient agir d'une manière quelconque sur sa saveur.

La laiterie occupe une chambre rectangulaire très-spacieuse et bien aérée. La tablette de support pour les pots à lait est remplacée par une banquette à cuvette ABC, qu'on peut remplir d'eau et vider à volonté. Cette disposition a cela d'avantageux qu'elle permet de plonger les pots dans $0^m,15$ d'eau fraîche et facilement renouvelable, et, par suite, de maintenir le lait à une basse température pendant les chaleurs, sans qu'il soit nécessaire de le déplacer. Il y a d'abord économie de main-d'œuvre, et, en outre, le lait n'étant pas secoué, la formation de la crème s'effectue d'une manière plus régulière. On comprendra encore mieux les détails qui précèdent par l'inspection de la gravure 3, qui représente

une coupe de la banquette à cuvette suivant la ligne
ab de la gravure 2.

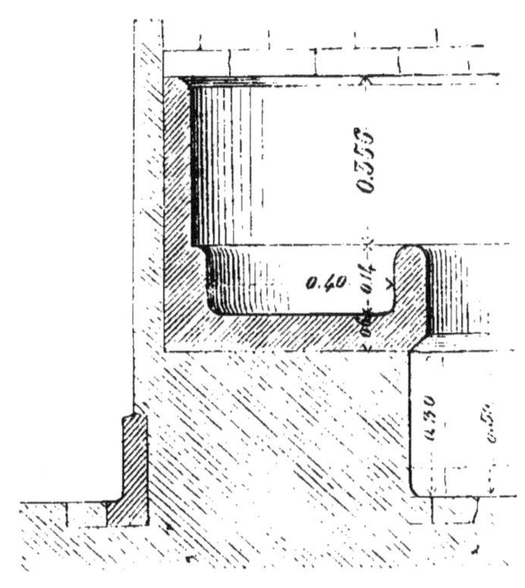

Grav. 3.

Coupe de la banquette à cuvette
pour le refroidissement du lait, suivant la ligne ab
du plan représenté par la gravure 2.

La laiterie contient encore une armoire F pour
serrer les petits objets dont on a continuellement
besoin.

Ce bâtiment est installé d'une manière très-simple, ainsi qu'on le voit par la gravure 4, qui donne
une coupe de la laiterie suivant la ligne *cd* du plan
représenté par la gravure 2. La porte qu'on voit dans
le compartiment situé à gauche du dessin est celle

qui fait communiquer la laverie à la coulerie ; l'autre porte est celle du couloir qui conduit de la baratterie à la laiterie.

Grav. 4.

Coupe intérieure du bâtiment de la laiterie suivant la ligne *cd* du plan représenté par la grav. 2.

« Le vestibule et la laiterie, dit M. de Kergorlay, sont dallés en granit. Les autres pièces sont dallées en pierre dure de Fontenay-Pesnel, calcaire très-homogène et d'un grain très-fin. Les cuvettes, leur revêtement servant de support, leurs plinthes au-dessus, toutes les plinthes des différentes pièces, sont de la même pierre de taille ; tous les angles rentrants, même ceux formés par le pavage et les plinthes, sont arrondis, afin de faciliter le lavage avec une éponge. »

Le système de hauts-jours, tenant lieu de fenêtres, adopté par M. de Kergorlay, mérite aussi
d'être recommandé.

Ces hauts-jours, ainsi que le montrent les trois

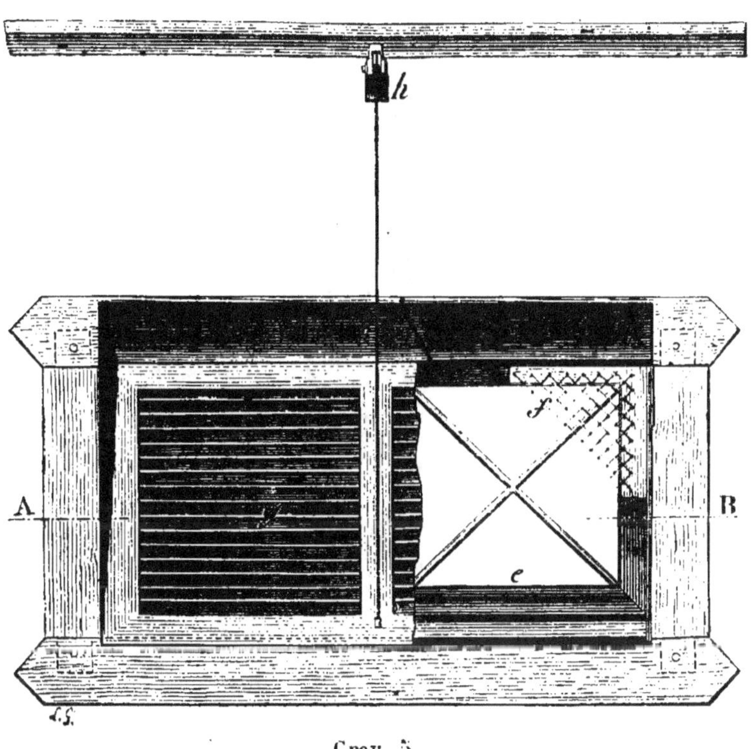

Grav. 5.

Plan d'un haut-jour extérieur de la laiterie.

gravures 5, 6 et 7, sont garnis : 1° d'un vitrage à
double volet ouvrant en *e*; 2° d'un grillage perma-

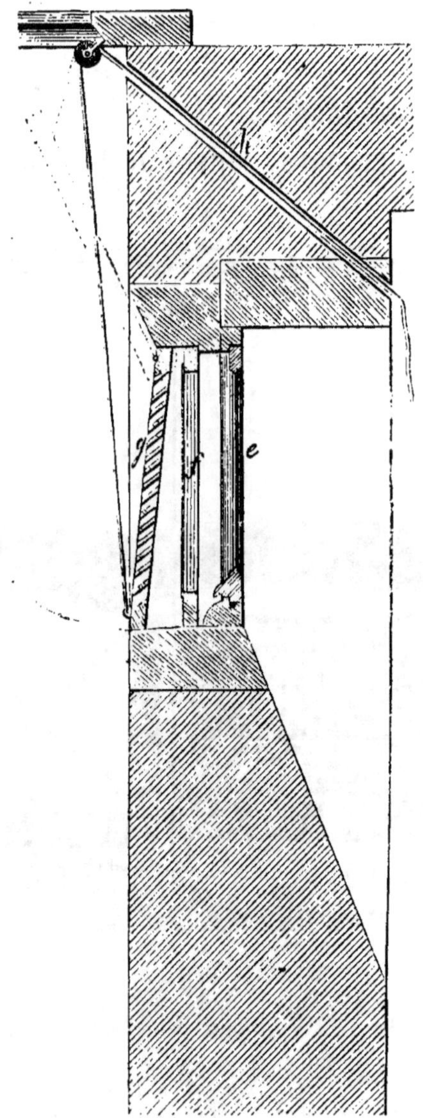

Grav 6.

Coupe verticale d'un haut-jour de la laiterie.

nent en laiton *f*; 5° d'une persienne à tabatière *g*,
que l'on peut soulever plus ou moins au moyen
d'un cordon *h* passant sur une poulie et tombant
dans l'intérieur de la pièce.

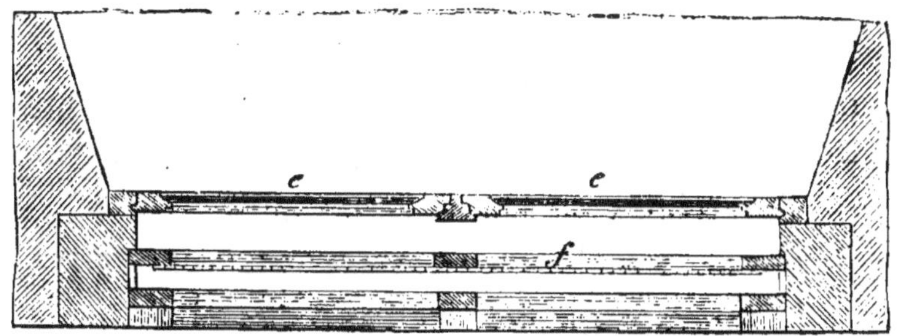

Grav. 7.

Coupe d'un haut-jour extérieur de la laiterie suivant la ligne AB
du plan représenté par la gravure 5.

« Les deux conditions essentielles pour l'établissement d'une bonne laiterie, dit en terminant M. de
Kergorlay, sont :

« 1° L'absence de toute mauvaise odeur, dont le
lait et le beurre s'imprègnent avec la plus grande
facilité ;

« 2° Égalité de la température, la plus basse possible en été.

« Au moyen du vestibule qui sépare la maison
d'habitation de la laiterie, et qui est traversé par un

courant d'air perpétuel, la première condition est remplie.

« Pour réaliser la seconde, j'ai établi dans la laiterie trois ouvertures : l'une en plein nord, l'autre au levant, la troisième au couchant. Devant celle-ci un massif d'arbres verts et des persiennes arrêtent les rayons du soleil; les trois hauts-jours permettent d'avoir toujours un courant d'air dans la direction du vent régnant pendant que la cuvette, remplie d'une eau de source qui n'a pas 10° et qui se renouvelle à volonté, abaisse constamment la température des pots à lait qui y sont plongés. »

Laiterie de la Ferme impériale de Vincennes. — La ferme impériale établie à Vincennes, près de Paris, possède une très-belle étable composée de vaches de la race schwitz. Le lait est en partie consommé sur place par les Parisiens en promenade, et en partie envoyé à Paris pour être vendu. Il ne séjourne donc que peu de temps dans la laiterie: on ne fait, du reste, ni beurre ni fromage. Toute la production de la vacherie est débitée à l'état de lait.

A cause de ces circonstances particulières, on a pu construire la laiterie d'une manière extrêmement simple. Elle est installée dans une chambre spacieuse et très-propre, placée à près de un mètre

en contre-bas du sol. La température y est suffisamment fraîche en été et chaude en hiver pour qu'on
puisse se passer de poêle. On y aborde par deux
portes donnant l'une sur la cour et l'autre sur un
large couloir de service, dans lequel se trouvent un
fourneau pour faire chauffer de l'eau et un grand
bassin en grès pour rincer à l'eau froide les vases
et les ustensiles de laiterie lavés à l'eau chaude.

L'intérieur de la laiterie est muni d'une grande
tablette en ardoise qui occupe tout le pourtour.
Cette tablette est garnie de vases en faïence vernie,
dans lesquels on verse le lait de la traite du soir,
qui n'est conduit que le matin à Paris. Tout cela
est installé très-simplement, comme il convient,
du reste, à une exploitation agricole placée dans
des conditions telles que la vente du lait est assurée, sans qu'il soit nécessaire d'avoir recours à la
fabrication du beurre ou du fromage pour tirer
parti des produits de la vacherie.

CHAPITRE II

USTENSILES DE LA LAITERIE

Après avoir décrit le local de la laiterie, il me reste à parler des meubles et ustensiles qu'elle doit contenir.

Nous avons vu que le lait peut être séparé par des moyens très-simples en quatre parties :

1° Le beurre ;

2° Le lait de beurre, ou résidu de la fabrication du beurre ;

3° Le fromage, qui se produit par la coagulation du lait, soit entier, soit écrémé ;

4° le petit-lait, ou résidu liquide de la fabrication du fromage.

Les moyens d'obtenir tous ces produits sont tellement simples, qu'il n'est pas étonnant que les peuples les moins civilisés les aient connus et pratiqués; mais, dans un degré plus avancé de l'économie rurale, l'art de la laiterie est réduit en principes, et mérite la plus grande attention comme branche d'industrie publique et d'économie domestique. (*David Low.*)

Il peut y avoir de très-grandes différences dans la quantité de beurre obtenue du lait, comme dans sa qualité. C'est pour cela que le local de la laiterie, sa température, la nature et la forme des vases employés sont d'une grande importance.

Le lait a été le premier, souvent le seul produit de l'agriculture pastorale, et c'est là certainement la raison pour laquelle on trouvait dans les laiteries une extrême simplicité. Tous les ustensiles, depuis le seau à traire jusqu'à la baratte, étaient en bois. On sait avec quelle adresse les pâtres des Alpes travaillent le bois. Plus tard, la laiterie s'est trouvée unie à l'agriculture la plus perfectionnée; elle est venue s'établir jusque dans le voisinage des grandes villes, et son mobilier a dû subir les modifications que lui imposaient d'autres temps et d'autres circonstances.

C'est ainsi que le bois a été remplacé par le fer

battu étamé et par le zinc. On a aussi substitué aux pots à lait en terre commune des vases en faïence, en verre, en marbre. Si les vases en bois coûtent peu, s'ils plaisent par leur simplicité même, ils ont de grands inconvénients. Ils sont difficiles à tenir propres, et ils demandent pour cela beaucoup de soins et de temps; le bois s'altère, les cercles se détachent, et il faut fréquemment les réparer et les renouveler.

Seaux à traire. — Les formes des seaux à traire n'ont pas été changées, seulement on garnit les seaux en fer-blanc ou en fer battu d'une anse en gros fil de fer, au milieu de laquelle est une poignée en bois.

Grav. 8.

Seau à traire en fer battu étamé.

La gravure 8 représente un seau à traire en fer battu étamé, semblable à tous ceux qu'on trouve aujourd'hui dans le commerce. Ces seaux ont généralement 10, 12 et 15 litres de capacité. Un fabricant de Paris, M. Girard, en livre tous les ans un grand nombre à l'agriculture. J'aurai d'ailleurs plusieurs fois l'occasion de parler des ustensiles de laiterie qui sortent de l'usine de M. Girard.

Les seaux à traire ont chez moi $0^m,30$ de hauteur, $0^m,30$ de largeur à la partie supérieure et $0^m,20$ à la base. Ils contiennent 10 litres. Pour augmenter leur solidité, on les garnit à la partie inférieure d'un cercle en fer.

Pour transporter le lait de l'étable à la laiterie, on se sert aussi de seaux en fer battu, contenant trois ou quatre fois autant qu'un seau à traire. Ces grands seaux ont aussi une anse, et ils doivent être portés par deux personnes.

Pour savoir chaque jour la quantité de lait que donne chaque vache, la contenance des seaux en bois y est marquée intérieurement ou par des clous, ordinairement en cuivre, ou par des chiffres gravés avec un fer rouge. Quand les seaux sont en métal, on mesure le lait qu'ils contiennent au moyen d'une jauge qui n'est autre chose qu'une règle plate en fer poli ou en bois, que l'on plonge verticalement dans le seau, et sur laquelle sont marqués les litres, d'un côté pour les seaux à traire, de l'autre pour les seaux à transporter le lait.

Seaux pour transporter le lait. — Si le lait doit être transporté à quelque distance, un disque en bois léger, posé à sa surface, l'empêche de ballotter et de se répandre.

Lorsqu'on trait les vaches au pâturage, on emploie ordinairement, pour transporter le lait à la ferme, de grands seaux en bois, de 60 cent. de hauteur, sur 50 cent. de largeur; ils sont, en général, fermés par un couvercle.

Pour les transporter, deux douves, auxquelles on a pour cela laissé plus de hauteur, sont percées d'ouvertures circulaires dans lesquelles on passe un bâton qui sert à charger le seau sur les épaules de deux hommes. Il est reconnu que ce transport est d'autant plus nuisible qu'il est plus éloigné, et que le lait ne saurait arriver trop tôt dans les vases où il doit crémer.

Seaux à traire et à transporter le lait employés en Auvergne. — Dans les montagnes de la haute Auvergne, où les vaches passent une partie de l'année sans retourner à l'étable (depuis le mois de mai jusqu'au mois de novembre), la traite et le transport du lait se font au moyen de vases en bois qui affectent parfois de grandes dimensions. L'unité de mesure de ces vases est l'écuelle (*grav. 9*), contenant un demi-litre.

Grav. 9.

Forme de l'écuelle employée en Auvergne pour la mesure du lait.

Voici, d'après un très-intéressant travail de M. Duffoure, les seaux de diverses grandeurs employés par les vachers du pays :

Grav 10.

Petit seau employé en Auvergne pour traire les vaches.

Grav. 11.

Grand seau pour la traite des vaches.

Le petit seau à traire (*grav.* 10), en bois de sapin, avec anse en osier, contient 12 écuelles, c'est-à-dire 6 litres. Le grand seau à traire (*grav.* 11) a la capacité de 18 écuelles; il contient par conséquent 9 litres.

Les baquets dont se servent les vachers de l'Auvergne pour transporter le lait se nomment *gerles*;

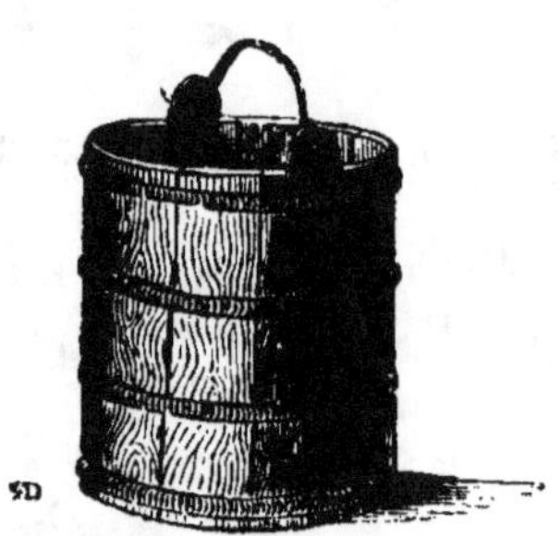

Grav. 12.

Gerle de 48 litres employée en Auvergne pour le transport du lait.

Grav. 13.

Gerle de 54 litres.

ils contiennent généralement 8, 9 et 15 seaux de

6 litres, soit 48, 54 et 90 litres. Ces gerles sont construites, comme les seaux à traire, en douves de
sapin assujetties par quatre cercles en bois très-
résistants (*grav.* 12, 13 et 14).

Grav. 14.

Gerle de 90 litres.

« Les vachers et leurs aides, dit M. Duffourc, portent souvent des gerles pleines de lait à de grandes
distances. Ils les portent à deux sur l'épaule au
moyen d'une barre (*grav.* 15). Une corde passant
sur la barre atteint les deux côtés de la gerle, qui
est ainsi portée sans oscillation.

« On ne porte ordinairement que les moyennes
gerles. »

7.

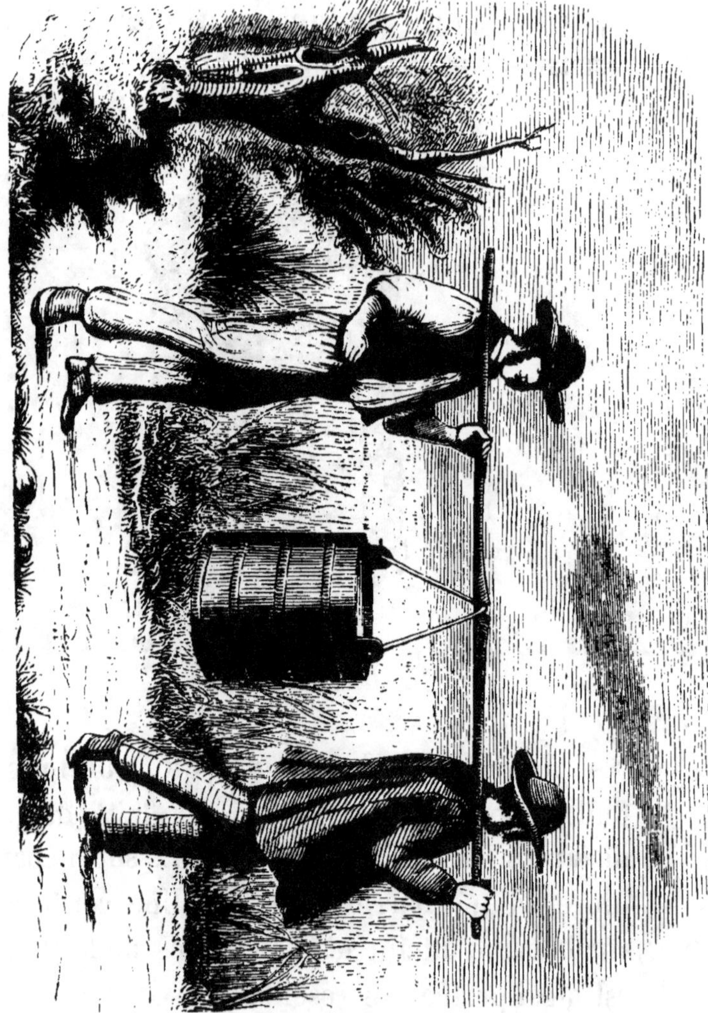

Grav. 15.

Transport du lait par les vachers en Auvergne.

Je le répète, le lait, ainsi balloté, est dans de
mauvaises conditions pour que la séparation de la
crème s'effectue d'une manière complète et régulière. Mais en Auvergne cela a moins d'importance,
presque tout le lait descendu de la montagne étant
employé à la fabrication du fromage.

Tamis pour le lait. — Dès qu'il arrive à la laiterie, le lait est vidé des seaux dans les pots à lait,
en le passant au travers d'un canevas ou d'un tamis
de crin suffisamment serré pour arrêter toutes les
impuretés qui peuvent y être tombées dans l'étable
(*grav.* 16).

Grav. 16.

Tamis pour le lait.

J'ai déjà dit que, quand on a un courant d'eau
dans la laiterie, on y plonge les seaux à leur arrivée de l'étable, et on refroidit le lait le plus
promptement possible avant de le verser dans les
vases où il doit crémer.

Pots et vases à lait. — Les pots à lait généralement employés, hauts et étroits, sont commodes comme ustensiles de ménage ; ils occupent peu de place, on les transporte facilement et sans répandre le liquide, mais ils sont certainement les plus défavorables pour la séparation de la crème.

Des essais comparatifs ont fait connaître que l'on obtient sensiblement plus de crème dans les vases en terre que dans ceux en fonte vernie ou en ferblanc. Les vases en bois ont donné les mêmes produits que ceux en terre ; par vases en terre j'entends ceux en grès.

Les vases en terre commune rendent cependant plus de crème que ceux en grès et en faïence. Ce fait a été constaté chez moi par de nombreux essais, et je crois que ce sont ces pots en terre, s'ils sont bien fabriqués et convenablement soignés, qui conviennent le mieux dans les petites laiteries.

Ils ont, comparativement aux autres, le mérite du bon marché, et on peut les renouveler plus souvent.

Un soin important est de les laver parfaitement dès qu'ils sont vides ; puis, avant de les remplir de nouveau, de les exposer à une forte chaleur. On les met pour cela dans un four, ou bien on les couche autour du foyer, l'ouverture tournée vers le feu. Quand on lave les pots à lait, il est bon d'ajouter à l'eau chaude un peu de cendre de bois.

Les vases que chez moi on trouve les plus commodes contiennent quatre litres de lait, et sont d'une hauteur à peu près égale à leur largeur.

Ceux dont on se sert ordinairement en France sont des terrines (*grav.* 17) en terre. Les plus favorables à la séparation de la crème ont $0^m,40$ à la partie supérieure, $0^m,15$ à la base, et $0^m,15$ à $0^m,18$ de haut.

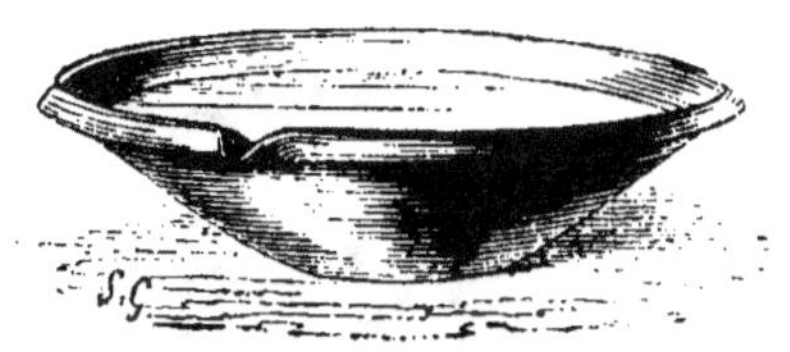

Grav. 17.

Terrine à lait.

Néanmoins il y a beaucoup de départements où les anciens pots, d'une grande hauteur et à col étroit, sont encore en faveur.

Les pots à lait du Poitou et les pintes de la Touraine, que montrent les gravures 18 et 19, sont évidemment des ustensiles défectueux ; mais la force de l'habitude est telle qu'on les conservera peut-être encore très-longtemps.

Grav. 18.

Pots à lait du Poitou.

Grav. 19.

Pinte de la Touraine.

Dans les pays où l'on a apporté le plus de perfection à la fabrication du beurre, on emploie des vases peu profonds et présentant beaucoup de surface. La chimie vient à l'appui de cette pratique et constate que la crème se sépare du lait avec d'autant plus de facilité, que les vases présentent plus de surface au contact de l'air. (*Chaptal.*)

En Auvergne, on emploie, comme en Suisse et en Hollande, des vases en bois blanc, cerclés en frène (les cercles en fer sont à préférer pour la propreté), et ayant $0^m,05$ à $0^m,08$ de haut sur $0^m,60$ à $0^m,90$ de diamètre.

Dans le Glowcester, dont les laiteries sont célèbres, les vases sont très-plats, et on n'y verse le lait qu'à la hauteur de $0^m,03$.

Dans le Holstein, les vases qui sont en bois ont $0^m,16$ de profondeur sur $0^m,60$ de largeur. On ne les remplit jamais entièrement, et d'autant moins que la température est plus chaude.

Mais avec ces vases il faut encore, bien moins qu'avec les autres, laisser séjourner la crème sur le lait, jusqu'à ce qu'il soit aigre; il faut aussi se garder de les placer même dans le four ou dans tout autre endroit fort chaud, méthode détestable que l'on ne trouve que trop souvent en usage chez les paysans. Ils obtiennent ainsi moins de crème, et cette crème a mauvais goût et est recouverte sur chaque pot d'une épaisse peau jaune.

Température favorable à la séparation de la crème. — La température la plus favorable à la séparation de la crème est d'environ 12° centigrades. Les indications des auteurs qui ont écrit sur la fabrication du beurre varient de 10 à 15 degrés.

Moment le plus convenable pour écrémer. — Pour obtenir le beurre le plus délicat, on n'attend pas que le lait soit caillé. On écrème ordinairement au bout de 24 heures en été, et parfois après 72 en hiver.

Dans les grandes laiteries du Holstein, où l'on ne laisse pas cailler le lait, on conserve la crème dans une cuve destinée à cet usage, couverte de manière à ne pas intercepter entièrement l'air, et on la remue plusieurs fois par jour, jusqu'à ce qu'elle soit suffisamment épaissie. L'hiver, on la place dans une chambre chaude. La température de 25 degrés est la plus favorable.

Un objet important est de ne pas laisser aigrir la crème jusqu'au moment où elle passe dans la baratte. Mais il convient de la laisser épaissir et de ne pas la battre immédiatement.

Quoique le beurre le plus parfait doive être obtenu de la crème séparée du lait avant qu'il soit caillé, cependant on fabrique de très-bon beurre dans bien des pays où l'on laisse cailler le lait.

« Je ne veux pas, dit Schwerz, contester ce fait; mais la chose essentielle n'est pas la méthode que l'on suit. Je me suis convaincu dans mes voyages qu'en ceci, tout ou presque tout dépend de la nourriture des vaches, de la propreté et des soins apportés à la fabrication du beurre. »

Ainsi, il faut, pour obtenir de bon beurre, bien nourrir les vaches, entretenir dans la laiterie et dans tout ce qui en dépend une rigoureuse propreté, et si on laisse cailler le lait, ne pas le laisser aigrir.

Dans une partie des Pays-Bas, du Holstein et du Danemark, où on laisse cailler le lait, on n'écrème pas pour battre la crème séparément, mais on jette tout à la fois dans la baratte lait caillé et crème.

Ceci explique comment, dans la Flandre, on fait, pour la nourriture des hommes, une grande consommation de lait de beurre, et comment on en nourrit les veaux.

Selon David Low, le lait arrivant à la laiterie est versé, ou dans des grands vases en marbre ou en ardoise, peu profonds, mais pouvant contenir le lait de plusieurs vaches et garnis à leur fond d'un robinet, ou dans de petits vases aussi peu profonds, de la contenance de 2 à 4 litres. Ces derniers vases sont en terre, ou mieux en zinc. Lorsque la crème est montée, ce qui a lieu au bout de 24 à 48 heures, on la sépare du lait. Dans les petits vases, on l'enlève au moyen d'un disque d'étain ou de fer-blanc percé de trous; dans les grands vases, on ouvre le robinet et on soutire le lait écrémé de dessous la crème qui est à la surface.

La crème est mise dans un vase destiné à cet usage, fréquemment un baril, mieux dans une terrine de terre non vernissée, ou de marbre. Les nouvelles portions de crème levées chaque jour sont réunies jusqu'à ce qu'on en ait assez pour battre le beurre. Ainsi traitée, la crème devient acide, ce qui favorise la séparation du beurre.

. On voit que David Low lorsqu'il a écrit ceci, croyait qu'il est nécessaire pour faire le beurre que la crème soit aigrie. On a depuis reconnu qu'on peut faire du beurre, même avec du lait doux, ce qui tient sans doute à la construction plus parfaite des nouvelles barattes. Il est certain que la crème aigrie prend plus facilement, et on sait que si on n'a pas le temps de la laisser aigrir, en y ajoutant un peu de petit-lait, on hâte la formation du beurre. Dans les ménages qui n'ont qu'un petit nombre de vaches et où l'on ne peut faire du beurre que deux fois, même une fois par semaine, on peut cependant faire de très-bon beurre en y apportant tous les soins que j'ai indiqués.

On trouvera dans la *Maison rustique du XIXe siècle*[1] des détails étendus sur la laiterie, sur la fabrication du beurre et celle des fromages, et j'engage les personnes qui voudront bien connaître ces branches de l'industrie agricole à les lire dans l'ouvrage même.

Voici quelques notes que j'en ai extraites ; les unes doivent donner lieu à de nouvelles expériences, les autres confirmer ce que j'ai déjà dit :

« La capacité la plus favorable des terrines est de 12 à 15 litres ; la hauteur la plus favorable du lait dans les terrines, est de 0^m,08 à 0^m,10.

« La crème monte plus facilement sur le lait quand celui-ci présente une surface plus étendue au contact de l'air, sous une faible épaisseur.

« La température la plus favorable à cette séparation de la crème est celle de 10 à 12° centigrades.

« Cette température doit être, par cette raison, celle de la laiterie, et à cette température la crème est ordinairement montée au bout de 24 heures.

« La crème qui monte la première est la meilleure : elle va en diminuant successivement de qualité.

« Le lait donne une crème d'autant plus fine,

______

[1] Tome III, page 1 et suiv.

abondante et délicate, qu'il est plus récemment
trait.

« Si l'on veut obtenir, dit Anderson, des beurres
délicats et fins, il faut, à une température modérée,
lever la crème au bout de 6 ou 8 heures, et même
de 2, 3 et 4 heures, si la laiterie est assez considérable.

« Le moment important à saisir pour écrémer est
celui où toute la crème est montée à la surface.

« Dans la Frise on écrème après 12 heures, jamais après 24 heures.

« En pressant la surface de la crème avec le doigt,
si on le retire sans empreinte, on pense que toute la
crème est montée.

« Dans le Holstein, on plonge dans la crème un
couteau : si le lait ne revient pas à la superficie,
c'est le moment opportun pour écrémer.

« La *jeune crème* est la seule propre à faire du
beurre extrêmement fin. On doit battre tous les
jours quand cela est possible.

« La température la plus favorable pour battre le
beurre est de 11 à 12° centigrades.

« Les phénomènes extérieurs accidentels qui peuvent changer la qualité du lait après son extraction
sont : toutes les variations brusques de l'atmosphère, l'état électrique et orageux de l'air, les

brouillards puants, les gaz odorants, l'humidité, les émanations insalubres, la poussière, etc.

« En faisant évaporer le sérum ou petit-lait on obtient un corps cristallisé, d'une saveur douce et sucrée, auquel on a donné le nom de *sucre de lait*, et qui est contenu dans la proportion de 35 dans 100 parties de lait. »

Avant de terminer cet article, j'indiquerai deux excellentes manières de préparer la crème pour la table.

Crème de Kostorphine, à Édimbourg. — On verse le lait fraîchement trait dans un vase en bois, qu'on place dans de l'eau chaude. La chaleur hâte la séparation des parties butyreuses et séreuses. On soutire alors le lait, et la crème qui reste est battue pendant un certain temps.

Crème épaisse, que l'on prépare dans l'Ouest (Angleterre). — On laisse reposer le lait pendant 24 heures dans un vase de métal, puis on le place sur un léger feu de bois, où on l'échauffe très-lentement. Après que le lait a été pendant environ une heure et demie sur le feu et qu'on l'a amené presque à l'ébullition, on frappe de temps à autre avec le doigt contre le vase, faisant soigneusement attention au moment où cesse le bruit qui précède l'ébullition. Lorsque les premières bulles s'élèvent, il faut immédiatement retirer le vase du feu. On laisse reposer pendant 24 heures, et la crème est alors si épaisse qu'on peut la couper au couteau. Le secret de cette préparation consiste à laisser monter quelques bulles sans laisser venir à ébullition. Cette crème, à laquelle souvent on ajoute du sucre et du vin de Madère, passe pour être d'une grande délicatesse.

Appareils pour l'écrémage du lait. — J'ai dit que les vases à lait devaient avoir peu de hauteur, un petit diamètre à la base et, au contraire, un grand développement de surface vers le bord, de manière que la séparation de la crème puisse se faire facilement. On a construit d'après ces principes des appareils en métal qui donnent de très-bons résultats quant à la formation de la crème, tout en apportant dans l'ancienne main-d'œuvre ordinaire une économie notable.

Voici la description d'un petit appareil de ce genre, employé par madame Millet, et recommandé par l'auteur de la *Maison rustique des Dames* pour les petites exploitations rurales[1].

Il se compose d'une bassine en zinc (*grav.* 20) de $0^m,08$ de profondeur, posée sur une sorte de tré-

----

[1] *Journal d'Agriculture pratique*, t. I de 1860, p. 520.

pied en bois et munie d'un robinet placé au milieu
du fond. C'est dans cette bassine qu'on verse le lait
pour le laisser en repos jusqu'à ce que la crème
soit montée. On décante au bout d'un temps convenable en ouvrant simplement le robinet. Le lait

Grav. 20.

Appareil pour l'écrémage du lait.

écrémé tombe dans un récipient placé sous la bassine. On maintient le robinet ouvert jusqu'à ce
qu'il se forme une dépression dans la crème au-
dessus de l'orifice. On tourne alors le robinet de
manière à ne laisser le lait couler que goutte à
goutte, et l'on a soin de le fermer complétement
quand on s'aperçoit que la crème commence à
passer. Cela fait, on verse le contenu de la bassine

dans un vase spécial ; on lave la bassine à grande eau, et on la replace sur son chevalet pour s'en servir de nouveau.

Selon madame Millet, un appareil semblable à celui que représente la grav. 20 fonctionne très-bien ; il faut de douze à vingt heures en hiver, selon la température, et en été, de huit à douze heures, pour que la crème soit formée. Mais, ajoute madame Millet, la partie de la crème qui contient la plus grande quantité de beurre est à la partie supérieure, tandis que les couches inférieures sont beaucoup moins riches ; d'où il résulte que, pendant les grandes chaleurs, « la crème se séparant avec beaucoup de facilité, on pourrait ne laisser le lait dans l'appareil que quatre à six heures, et il n'y aurait qu'une très-petite perte de beurre. »

On peut construire des crémeuses de toutes dimensions ; le seul point à observer est de ne jamais leur donner plus de $0^m,08$ de hauteur. Une crémeuse de 6 à 8 litres ne revient pas à plus de 6 francs.

On pourrait craindre que le lait, mis en contact avec le zinc, ne donnât naissance à des sels nuisibles à la santé. Il n'en est rien ; du moins, le fait est affirmé de la manière la plus formelle par un habile cultivateur de la Charente-Inférieure, M. de

Saint-Marsault, président de la Société d'Agriculture de la Rochelle, qui a adopté depuis longtemps
l'usage des bassines en zinc, et n'a jamais eu à
soupçonner l'innocuité de son lait. Je partage cet
avis et crois que du lait qui n'a séjourné que vingt-
quatre heures dans un vase de zinc ne peut con-
tracter aucune qualité malfaisante; mais il y aurait des inconvénients à laisser longtemps en con.
tact avec le zinc du lait qui devient acide. Dans
tous les cas, le danger est bien facile à éviter, et
avec une ménagère soigneuse on n'aura jamais
rien à redouter.

M. de Saint-Marsault est d'avis qu'il vaut mieux
augmenter le nombre des bassines que d'accroître
trop fortement leurs dimensions. Celles qu'il emploie contiennent 20 litres de lait et coûtent 12 fr.
pièce. Elles sont disposées trois par trois sur des
tables-châssis (*grav.* 21), faites en planches de peu-
plier de $0^m,03$ d'épaisseur, solidement assemblées
l'une à l'autre. « Les bassines encastrées dans cette
table sont en feuilles de zinc. Chacune porte $0^m,50$
de largeur sur $0^m,66$ de longueur, formant ainsi
un rectangle à fond régulièrement concave, d'une
profondeur de $0^m,08$ au centre. Le bord supérieur
forme bourrelet, et le fond est percé au centre
d'une ouverture ronde de $0^m,03$ de diamètre,

Grav. 21.

Table-châssis avec bassines en zinc.

fermée par un bouchon de zinc plein et à longue tige. Cette ouverture reçoit par-dessous un tuyau cylindrique, soudé verticalement avec renfort, et d'une longueur de $0^m,12$ [1]. »

La gravure 22 fait comprendre bien nettement ce moyen de fermeture.

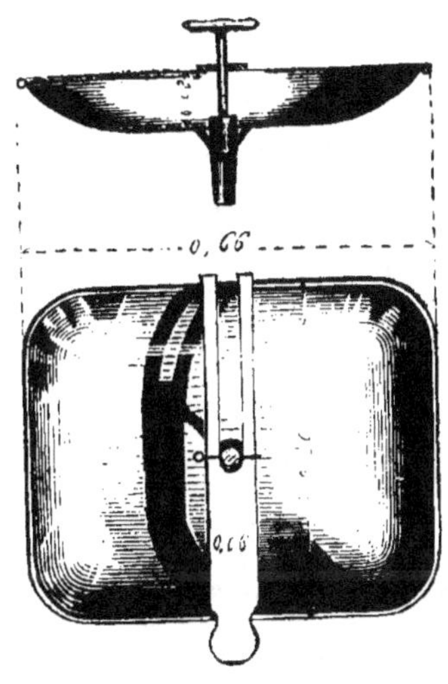

Grav. 22.

Mode de fermeture des bassines de laiterie.

Une petite planchette entaillée jusqu'au milieu est placée sur chaque bassine. Dans cette entaille s'engage la tige du bouchon, qui est percée de trous

[1] *Journal d'Agriculture pratique*, t. I de 1860, p. 145.

à différentes hauteurs. Pour vider une bassine, on soulève la tige du bouchon, et l'on passe une clavette dans l'un des trous, de manière que le bouchon reste suspendu au-dessus de l'orifice pendant que le lait s'écoule dans un vase au-dessous du châssis, sans que l'on soit obligé de maintenir la tige avec la main. Quand il ne reste plus que la crème, on enlève la clavette; le bouchon retombe par son propre poids et vient fermer l'orifice.

Selon M. de Saint-Marsault, la crème ne demande pas plus de douze heures pour se rassembler complétement à la partie supérieure des bassines.

Ces appareils sont très-simples, d'une installation facile et d'une manœuvre très-commode. Ils ne présentent pas d'angles rentrants, en sorte qu'on peut les tenir propres sans difficulté; à ce dernier point de vue, le bouchon en zinc est bien préférable au robinet, en ce sens qu'il est beaucoup plus facile à nettoyer, et qu'il ne présente pas, comme ce dernier, des parties creuses qu'il faut surveiller avec soin.

On se sert aussi dans les laiteries de crémeuses en fer battu; elles sont, comme celles en zinc, faciles à nettoyer, et l'on n'a rien à redouter de leur emploi, même avec du lait acide. Je citerai notamment la crémeuse construite par M. Girard, et représentée par la gravure 25.

Grav. 25.

Crémeuse de M. Girard.

Cet appareil se compose d'une table ordinaire à quatre pieds, portant trois ouvertures dans lesquelles sont engagés trois vases en fer battu, ayant la forme d'un cylindre dont le diamètre est très-grand par rapport à la hauteur. Chaque vase est muni d'un ajutage placé au bas de la paroi latérale, et fermé par un bouchon de liége. Les trois ajutages ont leur orifice d'écoulement au-dessus d'une petite rigole adaptée à un des côtés de la table.

On verse le lait dans les bassines. Quand la crème est formée, on enlève les bouchons ; le lait écrémé coule dans la rigole et de là dans un récipient. On a soin de boucher légèrement les orifices un peu avant l'arrivée de la crème, de manière à laisser sortir goutte à goutte le reste du lait. En prenant cette précaution, on ne laisse jamais perdre de crème.

Ces crémeuses coûtent 40 francs avec des vases contenant chacun 10 litres, 65 francs avec des vases de 20 litres, ou 28 francs pour des vases de 5 litres seulement.

Pour terminer ce que j'ai à dire des appareils propres à écrémer le lait, je donnerai encore la description d'un instrument inventé par M. Fouju, et baptisé du nom de *crémeuse artificielle*. Il est représenté par la gravure 24.

Cet appareil permet de maintenir le lait, pendant les jours froids, à la température la plus convenable pour la séparation des matières grasses. Il donne le moyen d'obtenir rapidement de la crème dans une laiterie non chauffée ou dans une pièce quelconque dépourvue de poêle ou de cheminée. Mais en dehors de ce cas particulier, je doute qu'il

Grav. 24.

Crémeuse artificielle de M. Fouju.

soit d'une application avantageuse dans la pratique. Son extrême fragilité en fait plutôt un outil de laboratoire qu'un ustensile de laiterie.

Voici d'ailleurs en quoi il consiste :

Une table ordinaire D, percée de deux trous circulaires, porte deux cônes en verre A, munis de robinets de vidange C. Ces deux cônes, dans lesquels on place le lait, sont entourés chacun d'un manchon conique en bois B, placé à une distance suffisante pour laisser passer un courant d'air chaud entre le récipient de verre et son enveloppe.

L'air chaud est produit par un petit fourneau, dans lequel on met de la braise ou de la poussière de charbon ; il monte par le tuyau conique E, s'engage dans les deux tubes F, enveloppe les deux cônes de verre A et sort par la cheminée G. Au moyen des deux petites clefs *ff*, on peut ralentir ou intercepter son passage autour des récipients de manière à obtenir une température constante du lait, chose facile à vérifier au moyen d'un thermomètre. Quand les molécules butyreuses sont rassemblées à la surface, c'est-à-dire au bout de douze heures, on ouvre les robinets C pour laisser écouler le lait, et l'on recueille la crème qui reste dans les cônes.

Le nettoyage de ces vases est très-facile, mais

l'appareil est sujet à se casser ; il coûte assez cher
(70 francs pour une table portant deux vases de
10 litres) ; et, par ces deux causes, il parviendra difficilement à prendre place dans le matériel des laiteries. J'ai cru néanmoins devoir en donner la
description, parce qu'il prouve combien on s'occupe
aujourd'hui des questions relatives à l'économie
du lait.

Ustensiles pour nettoyer. — Les ustensiles qui
servent à échauder, laver et approprier les vases
de la laiterie, sont :

1° une petite *chaudière* en fonte ou en cuivre,
montée dans un fourneau en maçonnerie, ou simplement suspendue au-dessus du foyer de la cheminée du lavoir, et destinée à procurer à tout
instant de l'eau chaude ;

2° Plusieurs *baquets* pour lessiver, laver et rincer
les vases, après qu'on les a écurés sur l'évier ;

3° Des *brosses* de formes et d'espèces variées ;

4° Des *goupillons* pour nettoyer les pots, partout
où la main et les brosses ne peuvent pénétrer ;

5° Des *morceaux de bois* pointus pour frotter et
dégager les angles et les joints ;

6° Des *éponges* diverses pour laver les vases, les
murs, les tables, le dallage, etc. ;

7° Un *égouttoir* ou *arbre à seaux*, formé par une

pièce de bois dans laquelle sont implantées, sous un angle de 45 degrés, un certain nombre de chevilles qui servent à accrocher les seaux dans une position renversée pour les faire égoutter ou sécher, jusqu'à ce qu'on s'en serve (une forte branche d'arbre encore garnie de ses petites branches et écorcée, forme aussi un bon égouttoir);

8° Des *torchons* et des *linges* pour essuyer les vases quand ils sont rincés;

9° Des *balais* de bouleau, toujours tenus très-propres, pour laver, rincer la laiterie, et conduire les eaux de lavage au dehors, etc.

Je ne saurais trop le répéter, la plus grande propreté doit régner dans la laiterie. Le lait est, de tous les produits de l'agriculture, celui qui exige le plus de soins. Pour en tirer un bon parti, il faut surveiller constamment les différentes phases par lesquelles il doit passer avant de donner ces mets si variés et si délicats qui trouvent dans le commerce un écoulement toujours assuré, dont l'abondance et la bonne qualité sont une des richesses du ménage de la ferme, et l'orgueil de la fermière.

TROISIÈME PARTIE

DU BEURRE

CHAPITRE PREMIER

PROPORTION DE BEURRE CONTENU DANS LE LAIT.

Considérations générales. — Nous avons déjà vu précédemment que la proportion de beurre contenu dans le lait pouvait varier considérablement, selon la nature des vaches, leur nourriture, selon qu'elles sont plus ou moins avancées dans la gestation.

D'une manière générale, on peut dire que les

vaches qui fournissent le plus de lait ne sont pas celles qui donnent le plus de beurre.

Une vache fraîche donne plus de lait, mais il est léger. A mesure que la quantité de lait diminue, il devient plus riche en beurre.

Le lait des jeunes bêtes est moins riche que celui des vaches qui ont fait plusieurs veaux.

Le lait d'une vache grasse est plus gras que celui d'une vache maigre et mal nourrie.

Le lait qui séjourne plus longtemps dans les mamelles est plus riche que celui qu'on extrait à mesure qu'il se forme ; ainsi on sait que si on trait une vache trois fois par jour, au lieu de deux, on obtient plus de lait, mais non plus de beurre.

On sait aussi que, dans le pis de la vache, les parties butyreuses, étant plus légères, tendent à rester à la partie supérieure.

On explique ainsi pourquoi le premier lait tiré est plus séreux, et le dernier a plus de consistance et fournit plus de beurre. Il a été fait à cet égard de nombreux essais. Pour mon compte, j'ai trouvé que le premier lait trait ne fournissait au lactomètre que 5 degrés de crème, tandis que le dernier en fournissait 20.

Rendement du lait en crème et en beurre. — On obtient au moins 1 litre de crème de 10 litres de lait, et il y a des vaches qui, étant très-bien nourries, produisent jusqu'à 1 litre de crème pour 5 litres de lait.

Il faut en moyenne 4 lit. de crème pour 1 kil. de beurre. Ces quantités varient beaucoup, selon la nourriture et les qualités individuelles des vaches.

D'après ces chiffres, le lait donne 4 à 5 p. 100 de beurre, quoique les chimistes disent que le lait ne contient que 4 p. 100 de *beurre pur*. On sait que le beurre tel qu'il est fabriqué dans les fermes n'est pas pur, il renferme plus ou moins de lait de beurre, mais par contre, le barattage n'extrait pas la quantité totale de beurre contenu dans le lait.

Variations de la richesse du lait. — Non-seulement il y a de grandes différences dans la quantité de lait fourni par les vaches, mais aussi il y a de très-grandes différences dans la quantité de crème obtenue d'une certaine quantité de lait, et dans la proportion de beurre obtenu d'une certaine quantité de crème.

Le plus haut produit constaté chez moi a été de 1 kil. de beurre pour 3 litres de crème.

Si l'on veut bien se reporter au tableau de la page 56, on verra que la quantité de lait nécessaire pour faire un kilogramme de beurre en

France est, en moyenne, de 25 litres. En admettant, d'après la statistique officielle, que les vaches donnent annuellement 953 litres de lait, on trouve que le produit en beurre, par année, est en moyenne de 45 kilogrammes par tête. Il y a loin de ce chiffre moyen aux rendements exceptionnels que j'ai déjà cités précédemment (p. 47).

Dans le nord de la France, il faut moyennement 28 litres de lait pour obtenir 1 kil. de beurre, tandis que dans le sud-ouest, 21 litres suffisent. Ces chiffres, qui présentent une différence assez forte, sont des évaluations moyennes qui s'appliquent à des régions comprenant chacune neuf ou dix départements. Quel écart ne trouverait-on pas si l'on comparait entre eux des rendements isolés au lieu de comparer des rendements moyens.

Selon M. le professeur Voelcker, la quantité de beurre contenu dans des laits provenant de vaches saines peut varier du simple au triple et demi. Dans certains cas, ce chimiste a trouvé jusqu'à 7 1/2 p. 100 de beurre, et dans d'autres cas, il n'a pu recueillir que 2 seulement.

En Angleterre, selon David Low, il faut à peu près 9 litres de lait avec sa crème pour obtenir 455 grammes de beurre; mais si la crème est enlevée et barattée sans le lait, il faudra environ

13 litres 1/2 de lait pour avoir la même quantité de beurre[1].

Dans son *Traité d'Agriculture pratique*, David Low donne des chiffres qui ne sont pas d'accord avec ceux-ci. Il dit : « Dans une laiterie bien dirigée, qui est en possession d'une bonne race de vaches laitières, disposant en été de bons pâturages et nourries à l'étable en hiver, on peut compter sur un produit moyen annuel de 2,700 à 3,600 litres de lait par vache. Un peu plus de 2 gallons donnent 1 livre de beurre; 2 gallons valent 9^{lit},08, et la livre anglaise pèse un peu moins de 500 grammes. »

Influence de l'alimentation sur la richesse du lait. — J'ai dit que l'alimentation avait une influence considérable sur la production et la richesse du lait. Des expériences faites à Grignon, pendant dix-huit mois consécutifs, par M. Le Corbeiller, tendent à prouver que la production laitière est en rapport sensible avec la quantité des fourrages consommés.

L'état dans lequel les fourrages sont donnés n'est pas indifférent. Voici une expérience qui le prouve :

---

[1] Je cite exactement. mais en faisant observer que les chiffres de l'auteur anglais ne sont pas d'accord avec ceux que j'ai indiqués. On croit, en Allemagne, que si on bat la totalité du lait, on obtient moins de beurre que si on bat la crème seule. La différence de 9 à 13 litres 1/2 indiquée par David Low doit faire supposer une faute d'impression.

Au mois de février 1855, M. Phocas Lejeune, directeur de l'École d'agriculture de Thourout (Belgique), mit à part un lot de huit vaches laitières, et leur donna pendant un mois la ration suivante :

Foin, 16 kil.; paille, 48 kil.; farine de lin, 1 kil. 75; betteraves, 42 kil. — Les huit vaches recevaient en outre 580 litres d'une soupe cuite composée de 200 kil. de navets; 100 kil. de betteraves; 4 kil. 5 de farine de lin; 8 kil. de tourteaux de colza; 4 kil. de balles de froment; 4 kil. de farines mélangées; 0 kil.⁹ 25 de sel; 360 litres d'eau.

Selon M. Phocas Lejeune, cette ration équivalait à 14 kil. de bon foin de pré par tête, ou 3 kil. 4 de foin par quintal métrique de chair vivante.

Sous l'empire de ce régime, on obtint 1430 litres de lait pendant les vingt-huit jours du mois de février. On fit passer par la baratte 1282 litres, et on en retira 34 kil. de beurre. Ainsi, il avait fallu 37 litres de lait pour fabriquer 1 kil. de beurre.

Au mois de février de l'année suivante, les mêmes vaches, auxquelles on en adjoignit deux autres, reçurent, pendant vingt-neuf jours, une ration composée comme il suit :

Paille d'avoine, 75 kil.; betteraves, 231 kil.; farines de seigle, d'avoine et de sarrasin en mélange, 9 kil. 5; tourteaux de colza, 4 kil.; tourteaux de lin, 4 kil.; balles de froment, 25 kil. — La ration équivalait à 14 kil. 2 de bon foin, ou 3 kil. 5 par quintal de chair vivante.

La secrétion du lait fut moins abondante, mais on retira 33 kil. 3 de beurre de 757 litres de lait mis dans la baratte; 22 litres 7 avaient suffi pour donner 1 kil. de beurre.

La ration employée en 1856 était cependant à peu près la même que celle dont on faisait usage l'année précédente, à cette différence près que la proportion de nourriture sèche était un peu plus grande, et que les betteraves, au lieu d'être données en soupes aqueuses, étaient administrées crues en morceaux saupoudrés de farine.

Les agriculteurs qui veulent tirer de leur étable le meilleur parti doivent tenir compte de ces considérations. Si on peut vendre le lait en nature, rien ne s'oppose à ce qu'on cherche à augmenter la secrétion de ce produit par tous les moyens possibles. Si, par suite des circonstances locales, il y a plus d'avantage à faire du beurre, il convient de choisir parmi les meilleures races laitières celles qui donnent le lait le plus riche. Encore faut-il ne jamais perdre de vue les indications de la balance, afin de modifier le régime alimentaire des vaches selon les variations de la production beurrière.

CHAPITRE II

PRÉPARATION DU BEURRE

———

Soins à prendre pour obtenir de bon beurre.
— Pour obtenir de bon beurre, il faut de bonne
crème, et on obtient cette crème si les vaches sont•
très-bien nourries, si on ne la laisse sur le lait que
le temps nécessaire, si pour la propreté, pour la
température de la laiterie, pour le barattage, on
observe les précautions voulues. La nourriture des
vaches, je le répète, a une influence sur les produits de la laiterie plus grande que ne le croirait
celui qui ne l'a pas observée. Les plantes qui crois-
sent vigoureusement sur un sol riche, contiennent
plus de principes nutritifs que celles qui sont ré-

coltées sur un sol pauvre. Si l'on compare les produits d'un sol siliceux avec ceux d'un sol calcaire, les plantes récoltées sur une bonne terre calcaire en bon état de culture et d'engrais, donnent un lait plus riche en crème, la crème produit plus de beurre et le beurre est plus gras.

Dans les grandes chaleurs, comme dans les grands froids, le beurre prend difficilement.

On y remédie d'abord en plaçant la crème dans un endroit qui a la température convenable, ensuite en rafraîchissant ou en échauffant la baratte avec de l'eau : on peut même faire tourner la baratte dans l'eau, si l'instrument dont on dispose n'est pas pourvu d'un bain-marie propre à refroidir ou à réchauffer à volonté la crème soumise au barattage.

La température de la crème doit être, à mon avis, de 10 degrés lorsqu'on la met dans la baratte. La chaleur augmente de 1 degré par le battage. A 12 degrés et demi on obtient la plus grande quantité de beurre. A 10 degrés et demi on obtient le meilleur beurre. Je donne plus loin (p. 169) des détails sur ce point important.

On a reconnu que quand les vaches sont avancées dans la gestation, le beurre se fait difficilement. Par cette raison, dans les marcaireries de l'Allemagne, où toutes les vaches vêlent à la même époque, on a soin d'avoir au moins une vache fraîche à l'époque où les autres sont vieilles de lait. La crème provenant de cette seule vache suffit pour remédier au mal.

§ I — Local et instruments pour la fabrication du beurre.

Le local dans lequel on bat le beurre doit avoir une température régulière, suffisamment basse en été et chaude en hiver.

Dans les petites exploitations, le beurre se prépare dans la laiterie même. Dans les grandes laiteries, la baratte et tous les ustensiles employés pour la fabrication du beurre sont renfermés dans une pièce spéciale.

Les instruments nécessaires pour la fabrication du beurre sont, outre la baratte sur laquelle nous donnons plus loin de nombreux détails, un thermomètre pour mesurer la température de la crème, un plateau en bois sur lequel on place le beurre sortant de la baratte, des cuillers et battes en bois pour le pétrir, le délaiter et le saler.

Dans quelques pays, notamment en Bretagne, on emploie pour épurer le beurre des machines consistant en un canal rectangulaire en fer poli, fermé d'un côté par une toile métallique, et dans lequel se meut un piston. Le beurre introduit dans ce canal et refoulé par le piston traverse le tamis, sur lequel il abandonne les impuretés qu'il renferme.

Ces machines sont employées plus particulièrement pour la préparation des beurres destinés à l'exportation.

§ II. — Méthodes diverses de faire le beurre.

Battre la crème seule. — La manière la plus ordinaire chez les habitants de la campagne est de battre la crème seule, en l'enlevant de dessus le lait qu'on a laissé cailler. On a alors le caillé dont on fait en Allemagne une si grande consommation et avec lequel on prépare partout le fromage blanc qui est mangé frais et les fromages maigres salés. Si la crème ne séjourne pas trop longtemps sur le lait et que d'ailleurs on y mette tous les soins voulus, on peut de cette manière faire d'excellent beurre.

Battre le lait caillé avec la crème. — Dans une partie de la Hollande, dans la Flandre, dans plusieurs contrées de l'Angleterre, on met à la fois dans la baratte la totalité du lait caillé et de la crème. Je

ne sais pas quels avantages on trouve à cette méthode, si ce n'est que le lait de beurre augmentant
la masse du lait caillé avec lequel il est intimement
mélangé, on a une quantité plus considérable
d'une substance qui vaut mieux que le lait de
beurre pur et qui sert à la nourriture des hommes
et des animaux. On obtient ainsi moins de beurre
et il est d'un moins bon goût. En outre l'opération
du battage est plus pénible.

Lever la crème lorsque le lait est encore doux.
— Pour obtenir un beurre plus délicat, on enlève
la crème avant que le lait soit caillé et lorsqu'il est
encore doux. La totalité de la crème n'étant pas
encore montée, on en obtient un peu moins.

Battre le lait frais. — Enfin on peut battre le
lait frais. Ce procédé qui est celui qu'on suit pour
la fabrication du beurre de la Prévalaye, dans les
environs de Rennes et dans d'autres localités, donne
un beurre très-fin et excellent, mais on en obtient
moins et il se conserve frais plus difficilement. Il
se prend aussi plus difficilement en masse, le barattage est plus long et plus pénible.

**Lavage des ustensiles pour empêcher l'adhé-
rence du beurre.** — Pour la fabrication du beurre,
la *Nouvelle Maison rustique* indique une précaution
que je n'ai jamais vu employée, mais que je crois

bon d'indiquer. Ce corps, est-il dit (le beurre), s'attachant à tout ce qu'il touche, il faut pour prévenir cette adhérence, nettoyer tous les vases et ustensiles avec une lessive faite de cendres fines, ou les frotter avec des orties grièches macérées dans l'eau de sorte qu'elles ne piquent plus. La personne qui retire le beurre de la baratte et qui le pétrit est également obligée de se frotter les mains avec la lessive pour empêcher le beurre de s'y attacher.

§ III. — Délaitage.

Lorsque le beurre est formé, on le tire de la baratte et on le sépare du lait de beurre, en le pétrissant dans de l'eau fraîche, puis en le battant sur un plateau en bois.

Il y a des personnes qui se servent d'un couteau en bois avec lequel elles divisent le beurre dans tous les sens, pour en faire sortir le lait de beurre. On ne doit toucher le beurre que le moins possible avec les mains.

L'expression parfaite du lait de beurre est une condition indispensable pour obtenir du beurre qui se conserve; le beurre frais, qui doit être consommé immédiatement, a un goût plus agréable lorsqu'il y reste un peu de lait de beurre. Il est encore plus agréable si, en le pétrissant, on y ajoute un peu de sucre en poudre.

On trouve dans le Holstein que le lavage à grande eau lui enlève de son parfum, et l'on ne fait usage d'eau fraîche, ou même de glace, si l'on en a, que dans les grandes chaleurs, lorsque le beurre est mou au sortir de la baratte.

En hiver, lorsque les vaches sont nourries de fourrage sec, elles donnent moins de lait, mais ce lait est plus épais, la crème s'en sépare difficilement, et il donne un beurre blanc, sec et de mauvaise qualité.

On a indiqué un moyen bien simple de remédier à cet inconvénient; il consiste à ajouter au lait, au moment de la traite, de l'eau dans la proportion de 1 litre d'eau pour 2 litres de lait. On laisse ensuite monter la crème comme de coutume, et on obtient un beurre mieux coloré, liant et de bonne qualité.

§ IV. — Beurre-fromage.

Quelquefois on est dans l'impossibilité de séparer parfaitement du beurre les parties séreuses et caséeuses qui s'y trouvent mêlées. Cela a lieu lorsqu'on laisse trop longtemps séjourner la crème sur le lait caillé, lorsque la température de la laiterie est trop élevée, mais surtout pendant les chaleurs de l'été et par un temps orageux. Alors le beurre a une apparence de fromage; il est blanc, sans cohésion; à force de le travailler dans l'eau fraîche, on peut, jusqu'à un certain point, le ramener à l'état ordinaire; mais, en général, il n'est alors bon qu'à être fondu.

§ V. — Caractères du bon beurre.

Les qualités qu'on doit rechercher dans le beurre sont : la couleur, la saveur et l'odeur.

La couleur du meilleur beurre est le jaune riche, celle que l'on obtient au printemps et en été de vaches nourries dans de bons pâturages, ou à l'étable de fourrage vert.

La saveur et l'odeur sont difficiles à définir, elles doivent être douces, agréables et légèrement aromatiques. On a comparé la saveur du bon beurre à celle de la noisette fraîche.

Le bon beurre est de consistance moyenne, il a la pâte fine et se tranche nettement en lames minces. Les beurres mous, huileux ou cassants et trop durs sont de mauvaise qualité. Souvent il reste encore dans le beurre qui n'a pas été bien travaillé une proportion assez considérable de lait de beurre. Ce beurre, consommé frais, est plus agréable s'il a été fait avec de bonne crème, mais il est facile de comprendre qu'à poids égal on a réellement moins de beurre, et lorsqu'on le fait fondre, il y a un déchet considérable.

Selon la *Nouvelle Maison rustique*, les beurres français les plus délicats et les plus fins sont, pour les beurres frais en mottes, ceux du pays de Bray (Seine-Inférieure) dits de Gournay; ceux du Calvados et de la Manche dits d'Isigny, etc. Sur les marchés de Paris, ces beurres dits d'élite sont divisés en mottes de premier choix, beurre fin, bon et commun. La qualité exceptionnelle de ces produits est due aux pâturages de la Normandie et aux soins bien entendus dont la laiterie est l'objet dans ce pays.

Viennent ensuite les beurres en mottes de la Sarthe et de l'Orne, dits *petit-beurre*, et enfin les beurres en livres provenant d'un rayon de 20 lieues autour de Paris, qui se divise encore en longs et en ronds. Parmi les beurres salés, on estime ceux de la Bretagne et surtout celui des environs de Rennes connus sous le nom de beurre de Prévalaye.

§ VI. — Altérations du beurre.

Le beurre qui n'a pas été bien délaité rancit et s'altère promptement.

Il y a un moyen facile de s'assurer si le beurre contient du lait de beurre. Quand, avec un couteau, on coupe de l'intérieur d'un pain une mince tranche de beurre, on voit sous la pression de la lame sortir de la tranche coupée de petites gouttelettes blanches qui ne sont pas autre chose que du lait de beurre, en quantité d'autant plus grande que ces gouttelettes sont plus rapprochées et plus nombreuses.

Le beurre est encore sujet à devenir rance quand il a été préparé avec des instruments malpropres. Jusqu'à présent, on ne connaît aucun moyen de détruire d'une manière complète la rancidité du beurre (voir p. 165).

Le beurre contracte un goût amer quand il a été fait avec de vieille crème. — Il est mou quand il a été préparé à une température trop élevée; le beurre sec provient, au contraire, de ce que la crème a été battue à une température trop basse.

Enfin, la nature des herbages influe sur la qualité du beurre, et le goût désagréable qu'il présente est quelquefois le résultat de la mauvaise alimentation des vaches.

§ VII. — Principes de la fabrication du beurre, d'après MM. Trommer et Otto.

J'ai cité précédemment un extrait d'un ouvrage de M. Trommer, professeur à Möglin, relatif à la composition du lait. Voici un nouveau passage du même livre qui donne sur la fabrication du beurre des renseignements intéressants :

« Le beurre n'est autre chose que la réunion de toutes les petites bulles de graisse que contient le lait. Cette réunion s'opère par un procédé purement mécanique, en agitant et en battant la crème.

« On pourrait battre la totalité du lait et on obtiendrait ainsi plus de beurre que si on battait la crème seule. Cependant, pour obtenir le beurre, il est nécessaire qu'il y ait déjà un commencement d'acidité. Ainsi, dans le Holstein, on ne laisse pas aigrir le lait avant de l'écrémer, mais on laisse aigrir la crème avant de la baratter. »

A l'époque où ceci a été écrit, on n'avait pas d'idée des nouvelles barattes, inventées depuis, et on ne savait pas que, même avec du lait frais, on peut obtenir du beurre. Les conseils de M. Trommer n'en seront pas moins utiles aux ménagères qui, selon l'usage général, font le beurre avec de la crème.

« Avec la crème douce, continue M. Trommer, on obtient un beurre plus délicat, mais en moins grande quantité.

« Si l'on voulait battre le lait caillé avec la crème, on n'obtiendrait pas plus de beurre que de la crème seule, parce que le caséum une fois coagulé ne laisse plus échapper les parties butyreuses qu'il contient.

« Par l'emploi de la soude on obtient la plus grande quantité de beurre possible, et la crème a tous les avantages de la crème douce.

« La crème aigrie, vue au microscope, présente en grande quantité cette végétation qu'on observe sur la moisissure.

« Si la crème est tout à fait douce, le beurre ne se formera pas. Il faut alors y ajouter dans la baratte ou du lait aigri qu'on fait légèrement chauffer, ou du petit-lait.

« Excepté cette action de l'acide, je n'ai pu observer dans la fabrication du beurre aucune influence chimique. Ainsi, le beurre s'obtient dans un vase hermétiquement fermé, comme quand la crème est exposée à l'action de l'air.

« Moins la crème est grasse, plus il faut de temps pour obtenir le beurre.

« Dans l'espérance que l'opération du barattage deviendrait plus facile, j'ai ajouté du beurre à la crème dans la baratte; mais de nombreuses expériences m'ont convaincu que le beurre ne se formait pas pour cela plus promptement. J'ai essayé sans plus de succès le saindoux légèrement chauffé, l'huile d'olive et l'huile de pavot.

« La crème la plus épaisse, lorsqu'elle est battue, doit devenir d'abord liquide, presque comme du lait, avant que les parties butyreuses commencent à se réunir. Ainsi il faut toujours, pour l'opération du barattage, un certain temps que nous ne pouvons pas abréger.

« Pour battre la crème, le mouvement doit être régulier et modéré. Un mouvement trop rapide ne vaut rien.

« Pour que la fabrication du beurre s'opère dans les circonstances les plus favorables, il faut de bonne crème, un degré suffisant d'acidité, une bonne baratte mue convenablement; il faut, en outre, une température qui ne doit guère excéder 12° centigrades.

« Par une température trop élevée, les parties constituantes du beurre, devenues trop fluides, ne

peuvent se réunir. On peut remédier à cet inconvénient par l'emploi de la glace. On l'applique à la baratte extérieurement, ou bien on en met quelques
morceaux dedans.

« Si la température est trop basse, on chauffe le
local, on chauffe la baratte, on ajoute à la crème
une quantité suffisante d'eau chaude pour obtenir
environ 12° centigrades[1].

« On a à tort accusé une foule de substances de
nuire à la formation du beurre.

« Les alcalis caustiques, les cendres, la lessive,
sont nuisibles. Ils ont une action chimique sur la
graisse, qu'ils convertissent en savon.

« Le sucre ne nuit aucunement à la formation du
beurre et il lui donne un goût agréable.

« On s'assure, au moyen du papier de tournesol,
si la crème est telle qu'elle doit être. On a du papier
rouge et du bleu. Le papier bleu devient rouge si
le liquide dans lequel on le plonge contient un acide,
et le papier rouge devenant bleu accuse la présence
d'un alcali.

« Si donc le beurre ne prenait pas et que le papier accusât l'absence d'acide, on verserait dans la

---

[1] L'addition d'eau chaude est condamnée dans les pays où l'on
entend le mieux la fabrication du beurre. On peut ajouter à la
crème du lait de la traite du soir précédent chauffé à 40°.

baratte une quantité suffisante de petit-lait aigri.

« J'ai ajouté jusqu'à 10 p. 100 d'huile à la crème sans inconvénient.

« L'huile améliore le beurre d'hiver, ordinairement trop dur.

« Même après le lavage le plus soigné, il reste toujours dans le beurre une certaine quantité d'eau et de lait de beurre.

« Le beurre fondu, qui, après avoir subi cette préparation, devient beurre pur, a un tout autre goût que le beurre frais.

« Si on a laissé aigrir la crème, il reste dans le beurre une plus grande quantité de parties caséeuses, et comme cette crème contenait déjà une végétation analogue à celle de la moisissure, le beurre qui en provient se gâtera d'autant plus tôt.

« La crème obtenue au moyen de la soude donne un beurre entièrement exempt de caséum. L'eau et le lait de beurre que contient le beurre ajoutent à son poids; ainsi on obtient d'autant moins de beurre qu'il est mieux purgé d'eau et de lait de beurre.

« Pour obtenir un beurre qui se conserve, il faut le laver et le travailler avec soin[1]. L'eau doit être

---

Le beurre trop lavé perd son parfum. Le beurre destiné à être consommé frais n'est que plus agréable au goût s'il contient un peu de lait de beurre.

parfaitement pure. On presse ensuite le beurre entre deux planches, en l'enveloppant de papier qu'on renouvelle autant de fois qu'il est nécessaire.

« Le beurre doit être parfaitement tassé dans les pots, et le meilleur moyen de le soustraire à l'action de l'air est de le couvrir d'une couche de charbon de bois en poudre.

« On est souvent forcé de colorer le beurre destiné à la vente, et les substances qu'on y ajoute, comme le jus de carotte, contribuent à rendre plus difficile sa conservation.

« Le sel pour saler le beurre doit être séché et pulvérisé très-fin.

« Pour refaire du beurre rance, on le lave parfaitement avec de l'eau fraîche et pure qu'on renouvelle autant de fois qu'il est nécessaire. Puis on le pétrit, on le presse, on le sale et on y ajoute 16 grammes de sucre en poudre par demi-kilogramme de beurre.

« Du beurre frais, convenablement salé, contient 18 p. 100 d'eau, de caséum et de sel.

« Le lait de beurre contient jusqu'à 2 p. 100 de beurre.

« Le beurre est plus dur quand il contient plus de *stéarine*, plus mou quand il contient plus d'*oléine*. Cette dernière substance est produite par les fourrages verts plus que par les fourrages secs, et cette circonstance contribue avec la chaleur à rendre plus mou le beurre d'été.

« Dans les pays comme le Holstein, où l'on fabrique une grande quantité de beurre, on le livre au commerce dans des tonneaux en bois de hêtre. Il est bon de carboniser l'intérieur de ces tonneaux pour assurer la conservation du beurre. »

De son côté, M. Otto s'exprime en ces termes dans un ouvrage dont j'ai déjà eu l'occasion de parler (p. 38) :

« En Hollande, le lait, aussitôt qu'il est trait, est versé dans de grands vases en cuivre qui plongent dans l'eau froide, où ils restent jusqu'à ce que l'écume du lait ait disparu et que sa température soit celle de l'eau. Ce refroidissement est surtout utile en été.

« On enlève la crème en une fois après 24 à 36 heures, ou bien on écrème plusieurs fois, à mesure que la crème monte. La première crème donne le beurre le plus parfait. En Hollande, on écrème deux fois à un intervalle de 12 heures. Si l'on ajoute de l'eau à la crème, le beurre est moins bon. En écrémant, on doit avoir soin de n'enlever que la crème sans mélange du lait qui est dessous.

« On conserve la crème (en Hollande) dans de

grands vases jusqu'à ce qu'on en ait une suffisante quantité et qu'elle ait acquis le degré suffisant d'acidité. On la remue fréquemment avec une spatule de bois.

« On peut admettre que la crème doit rester, selon la température, de trois jusqu'à sept jours pour atteindre le point le plus convenable pour la fabrication du beurre. On reconnaît qu'elle est à son point lorsqu'une légère cuiller en bois y reste debout. (Il faut faire attention qu'il est ici question de crème provenant de lait qu'on n'a pas laissé aigrir, ni cailler). Au fond du vase à crème il doit y avoir une petite ouverture, pour en faire écouler le petit-lait qu'elle peut contenir. On doit avoir soin de placer la crème à une température convenable. On peut hâter l'acidité en ajoutant un peut de lait de beurre.

« La température la plus favorable pour battre la crème est de environ 15° cent. On rafraîchit au besoin la baratte avec de l'eau froide, ou on l'échauffe avec de l'eau chaude avant d'y mettre la crème. — On ne doit ni chauffer la crème, ni y ajouter de l'eau chaude. — On peut y ajouter du lait trait de la veille au soir et rapidement chauffé à une température de 40 degrés. Le local où s'opère le barattage doit être chauffé au moins à 10 degrés.

« Pour que l'opération se fasse promptement, il faut que la température soit convenable, la crème pas trop vieille et le mouvement régulier.

« Le pétrissage et le lavage du beurre est une opération qui demande beaucoup de soins. Il ne faut pas trop laver le beurre. Par un temps très-chaud, on laisse le beurre se raffermir dans l'eau la plus froide possible.

« Dans le Holstein, par un temps chaud et orageux, on commence à baratter après le coucher du soleil, après avoir refroidi la baratte avec de l'eau froide et même de la glace.

« Lorsque le beurre commence à prendre, on verse dans la baratte de l'eau froide, et on la laisse ainsi pour finir l'opération le lendemain matin au point du jour. Sans cette précaution, on n'obtient que du beurre écumeux qu'on ne parvient pas à pétrir et à mettre en pains.

« On colore le beurre avec le jus de carotte, ou avec le roucou que l'on ajoute à la crème.

« La préparation du beurre est une chose si simple, qu'on ne devrait pas trouver de mauvais beurre, tandis qu'au contraire de très-bon beurre est chose exceptionnelle. Des soins minutieux et une rigoureuse propreté sont les conditions indispensables. »

§ VIII. — Température et conditions nécessaires à la formation
du beurre.

Les opinions de MM. Trommer et Otto ne sont
pas toujours conformes aux miennes. J'ai cru néanmoins devoir reproduire les passages de leurs ou-
vrages relatifs à la fabrication du beurre, parce
qu'ils contiennent des aperçus très-intéressants.

Le sujet, d'ailleurs, mérite un examen attentif.
L'industrie beurrière est loin d'avoir acquis le degré de perfectionnement qu'on serait en droit d'attendre d'une agriculture progressive. Dans bien des
exploitations, on emploie encore des méthodes barbares qui laissent perdre le quart des matières
butyreuses contenues dans le lait, et ne donnent
souvent qu'un mauvais produit. Les chimistes et
les agronomes se sont préoccupés de cet état de
choses et ont profité des expositions agricoles pour
faire des expériences comparatives sur les différents modes de barattage. Ces recherches ont été
d'un grand secours à la pratique, mais il reste encore plusieurs points controversés.

Ainsi, l'intervention de l'air dans la baratte
a-t-elle pour effet de hâter la formation du beurre
et d'épuiser le lait d'une manière plus complète?

10

Les expériences faites en 1855, à l'occasion de l'exposition universelle, sur la baratte verticale du major Sterjnsvard semblent mettre ce fait en évidence. Ainsi que nous le verrons plus loin, la baratte du major suédois porte une turbine fixée à l'extrémité d'un axe creux. Le mouvement de cette turbine donne naissance à un courant d'air qui traverse la crème de haut en bas. On a fait des essais avec cet instrument, et en bouchant l'orifice supérieur de l'axe, c'est-à-dire en interceptant le courant d'air, il a fallu plus de temps pour obtenir la même quantité de beurre que quand le tube était ouvert.

Un autre point sur lequel les praticiens ne sont pas d'accord est le suivant. Quelle doit être là température de la crème soumise au barattage?

Nous venons de voir que M. Trommer évaluait cette température à 12° cent. et M. Otto à 15°. J'ai dit que j'employais la crème à la température de 10°, qu'elle s'échauffait d'un degré par le battage, et que si on obtenait plus de beurre à 12°, c'était à 10° qu'on préparait le beurre le plus fin. D'autres personnes sont d'avis que la crème doit avoir de 14 à 16°. Des expériences, exécutées en 1855 et en 1861, ont jeté un nouveau jour sur cette question.

Il résulte du rapport fait par M. Barral en 1855, au nom de la troisième classe du jury international de l'exposition universelle, que la température la plus propre au barattage de la crème est de 13 à 15°, et que celle qui convient le mieux au barattage du lait est comprise entre 19 à 20". Ces chiffres ont été déduits de plusieurs essais comparatifs faits avec la baratte métallique du major Sterjnsvard.

En opérant avec le même instrument, M. Le Corbeiller est arrivé à peu près au même résultat[1].

L'exposition générale agricole de 1860 mit en relief une nouvelle baratte, dite horizontale, qui fut annoncée comme supérieure à toutes ses devancières. A la suite d'une contestation entre l'inventeur, M. Girard, et un acquéreur, contestation qui fut portée devant la Société centrale d'agriculture, M. Barral fut chargé par la docte compagnie d'exécuter de nouvelles expériences.

Pour remplir sa mission, M. Barral a fait quatre barattages avec le lait et deux avec la crème.

« 1° En opérant avec la baratte suédoise du major Sterjnsvard, sur 6 litres de lait et à la température de 20°, il a obtenu en cinq minutes 239 gram-

---

[1] *Journal d'Agriculture pratique*, 1855, 2e semestre, p. 543.

mes de beurre, soit 5,99 de beurre pour 100 de lait ;

« 2° En opérant avec la baratte horizontale de M. Girard, sur 4 litres de lait à la même température, 166^{gr},5 ou 4,16 de beurre pour 100 de lait ont été obtenus dans le même temps ;

« 3° En opérant à la température de 12° sur 4 litres de lait avec la baratte Girard, un barattage prolongé pendant trois quarts d'heure n'avait pas donné de résultat apparent. Cependant, au bout de ce temps, la température s'était élevée à 18°, soit parce que l'appareil avait pris peu à peu la température de l'air ambiant, soit parce que le contact de l'opérateur et le frottement avaient peu à peu fourni de la chaleur. Au bout d'une heure, le beurre s'était formé en grumeaux d'une extrême ténuité, consistant en une sorte de mousse ; de l'eau chaude, alors introduite dans le bain-marie entourant la baratte, fit monter la température à 21°, et après neuf nouvelles minutes de barattage, il fut possible de rassembler le beurre. La quantité recueillie a été de 148^{gr},5, soit 5,71 de beurre pour 100 de lait ;

« 4° Dans la même baratte Girard, on introduisit 4 litres de lait porté à la température de 30° ; au bout de deux minutes, le beurre s'était formé ;

mais quoique le barattage ait été continué plus longtemps, la quantité extraite n'a été que de 110^{gr},5, soit 2,76 de beurre pour 100 de lait. »

On voit, par ces expériences, que le temps nécessaire pour la formation du beurre extrait directement du lait varie dans des limites très-étendues selon la température. Il faut dix fois plus de temps pour baratter du lait à 12° que du lait à 20°. Si on élève la température à 30°, il faut deux fois moins de temps qu'à 20°, mais c'est aux dépens du rendement en beurre qui diminue considérablement. Ainsi, d'après le rapport de M. Barral, « la température la plus convenable pour l'extraction du beurre, quand on opère sur le lait, est comprise entre 18 et 20° cent. »

« J'ai fait, ajoute M. Barral, l'analyse du lait soumis à mes expériences. Ce lait m'est arrivé cacheté de Bucil (Eure), il provenait de la traite de la veille au soir, sans aucun mélange des traites précédentes. A la température de 10°, il avait pour densité 1,032, et était composé comme il suit :

Eau.	. . .	87,650
Beurre	4,679	
Caséine, sucre de lait	7,067	12,350
Cendres.	0,644	

Total. . . . 100,000

10.

« Ainsi, le lait sur lequel j'ai opéré contenait 4,679 pour 100 de beurre, j'ai extrait 3,99 et 4,16 pour 100 dans deux expériences faites avec deux appareils différents, en opérant à la température de 20°, c'est-à-dire 85, 3 et 88,9 pour 100 de beurre contenu, ou avec une perte de 14,7 ou 11,1 pour 100.

« Lorsque j'ai abaissé la température à 12°, ce qui a dû plus que décupler le temps du barattage, le rendement en beurre s'est réduit à 3,71 pour 100 de lait, c'est-à-dire que je n'ai extrait que 79,2 pour 100 de beurre, et que la perte s'est élevée à 20,8 pour 100.

« Enfin, par la température de 30°, la production du beurre a été beaucoup accélérée, mais le rendement n'a été que de 2,76 pour 100 de lait, ou de 58,9 pour 100 de beurre contenu, c'est-à-dire que la perte s'est élevée à 41,1. »

Tout ce qui précède s'applique au barattage du lait. Voici maintenant les résultats de deux expériences faites avec de la crème.

Cette crème, provenant de la même source que le lait, a été analysée par M. Barral, qui a trouvé la composition suivante :

Eau	79,52	
Beurre.	15,56	
Caséine, sucre de lait, etc.	4,19	20.48
Cendres	0,65	
	Total. . . .	100,00

Dans une première expérience, faite sur la baratte Girard, 4 litres de crème, à la température de 16°, ont donné, au bout de onze minutes de barattage, 615 grammes de beurre, soit 15,4 de beurre pour 100 de crème.

Dans une seconde expérience, 1^{litre},2 de crème et 2^{litres},8 d'eau mélangés ont été introduits dans la même baratte et portés à la température de 19°. Le barattage a duré cinq minutes, au bout desquelles on a obtenu 180^{gr},5 de beurre, soit 15 de beurre pour 100 de crème.

Si l'on compare ces chiffres au résultat de l'analyse de la crème, on voit que les deux barattages ont donné 98,3 et 95,8 pour 100 de beurre, et que les pertes ont été réduites à 1,7 et 4,2 pour 100. D'où l'on doit conclure, avec M. Barral, que les pertes sont beaucoup plus faibles quand on baratte la crème que quand on baratte le lait.

« Des expériences répétées, dit M. Barral, ont démontré que la température la plus convenable pour obtenir de la crème par le barattage le plus de beurre possible dans le temps d'ailleurs le plus court, est comprise entre 14 et 16° cent.

« Toutes les autres circonstances étant égales, quelle que soit la baratte employée, quelle que soit la composition du lait ou du beurre, on obtient, non pas les chiffres ci-dessus rapportés, mais toujours les meilleurs résultats en opérant aux températures indiquées ci-dessus. »

On voit, par ce qui précède, combien il importe de déterminer exactement la température du lait ou de la crème soumis au barattage, puisque selon cette température la durée de l'opération peut varier du simple au décuple, et qu'il y a en outre des différences assez grandes dans la quantité de beurre produit. Aussi les nouvelles barattes que l'on fabrique aujourd'hui sont presque toutes construites de telle sorte qu'on peut refroidir ou réchauffer facilement la crème introduite dans l'instrument.

CHAPITRE III

BARATTES.

Un des meubles les plus importants de la laiterie, c'est la baratte. Il y en a un grand nombre, et, comme je l'ai dit, les concours agricoles en ont fait connaître de très-bonnes d'invention récente.

L'instrument le plus simple et le plus ancien pour battre la crème, c'est la main. J'ai vu encore dans mon enfance des villageoises qui n'avaient qu'une vache, battre la crème avec la main dans le seau à traire, et quand, pendant l'été, la chaleur de la main se joignait à celle de l'atmosphère, c'était une opération dont la longueur pouvait lasser la patience et le bras les plus robustes.

Aujourd'hui je ne connais pas de si pauvre ménage possédant une vache, qui n'ait la baratte en bois, haute d'environ 80 cent., large à sa base d'environ 25 cent. et en haut de 15 cent. — Dans cette baratte, la crème est battue par un disque fixé à l'extrémité d'un manche en bois, auquel on imprime un mouvement alternatif de bas en haut et de haut en bas; cet instrument est certainement pour les petits ménages le plus simple, le moins cher et le meilleur. C'est celui qu'on emploie encore dans un grand nombre de villages.

L'instrument dont je viens de donner la description en quelques mots est la baratte primitive dans toute sa simplicité. Elle a pour inconvénient d'exiger une manœuvre pénible qui se prolonge assez longtemps. Dans celles que l'on construit actuellement, on cherche tout à la fois à diminuer la fatigue de l'opérateur et à abréger la durée du barattage. J'en décrirai sept ou huit, choisies parmi celles qu'on a reconnues les meilleures.

On peut les diviser en deux catégories : les barattes en bois et les barattes en métal.

§ 1. — Barattes en bois.

Baratte circulaire en bois. — De toutes les barattes en bois, une des plus simples est celle que
représente la gravure 25. Elle se compose d'un

Grav. 25.
Baratte circulaire placée sur son chevalet.

tonneau traversé par un axe et porté par un chevalet. Une manivelle permet d'imprimer au tonneau
un mouvement de rotation autour de son axe. Dans
ce mouvement, la crème vient battre contre une
ailette percée de trous fixée à l'axe dans l'intérieur
du tonneau. Ce dernier est muni d'une large bonde

pour l'introduction de la crème et d'un petit ajutage diamétralement opposé pour faire écouler le
lait de beurre.

Avec cette baratte, on ne peut pas refroidir le
lait qui est à une température trop élevée. (C'est
une opération qu'on ne devrait pas avoir à exécuter dans une laiterie bien disposée où la température reste sensiblement constante.) Si on ne peut
pas le refroidir, il est, au contraire, très-facile de
le réchauffer; il suffit de placer un fourneau sous
la baratte; l'air chaud enveloppe le tonneau de
toutes parts, et à cause du mouvement de rotation,
la température s'élève uniformément dans toute
la masse du liquide.

Cette baratte est surtout employée dans le Poitou,
la Touraine et dans les départements environnants.
Elle a beaucoup d'analogie avec la *sérène* dont on
fait usage en Normandie, où l'on produit les
beurres les plus renommés.

Baratte de M. Paul François. — Au nombre des
barattes qui conviennent aux petites exploitations,
il faut ranger celle de M. Paul François, mécani-
cien à Vitry-le-François (Marne).

Dans cette baratte (grav. 26 et 27), la crème est
agitée par un batteur à ailettes, dont on voit la
disposition dans la gravure 27. Un engrenage,

mis en mouvement par une manivelle, donne au

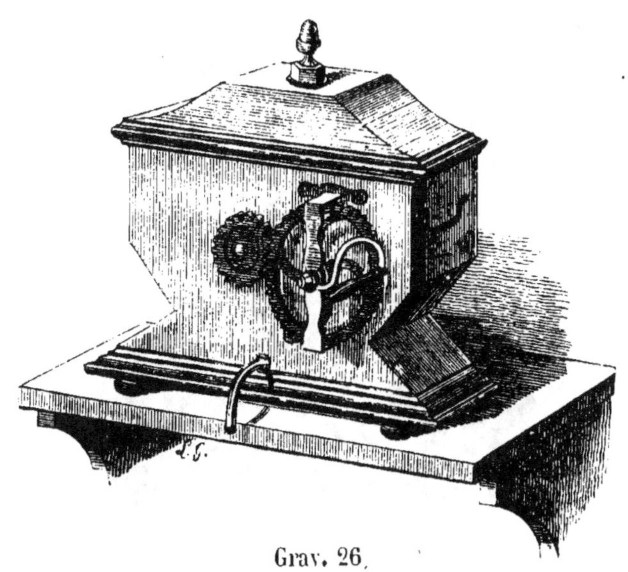

Grav. 26.
Baratte de M. Paul François.

Grav. 27.
Batteur de la baratte de M. Paul François.

batteur une rotation assez rapide pour battre le
beurre en une vingtaine de minutes.

11

Cet appareil, qui peut contenir 4 ou 5 litres de crème, coûte 25 francs.

Baratte Claës. — La baratte Claës est une de celles qui ont donné les meilleurs résultats dans les expériences exécutées par le jury de l'exposition universelle de 1855.

Grav. 28.
Baratte de M. Claës, de Lembeck (Belgique).

Elle consiste (grav. 28 et 29) en une caisse en bois dont le fond a la forme d'une surface semi-

cylindrique. Dans cette caisse se meut un batteur A
portant quatre rangées de dents en bois qui passent entre les dents d'une sorte de rateau B fixé à
la paroi latérale. Le tout est porté par deux madriers en bois.

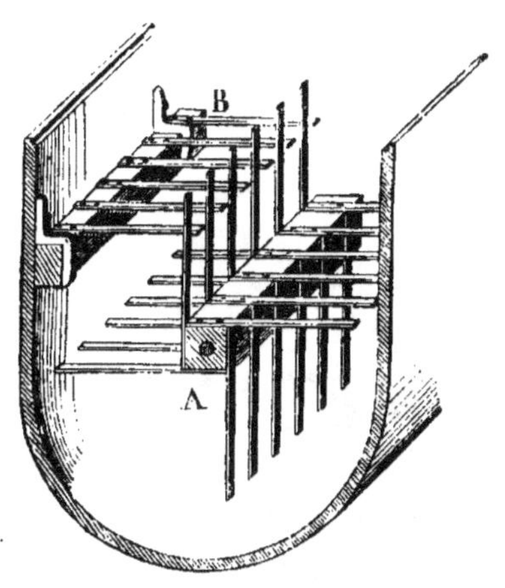

Grav. 29.
Coupe de la baratte Claës.

Cet appareil, qui ne présente aucune complica-
tion, fonctionne bien. Quand l'opération est terminée, on démonte un crochet pour faire basculer
la machine sur le côté, afin de verser le lait de
beurre.

La baratte Claës a été expérimentée deux fois
en 1855. 60 litres de lait, à la température de 15
à 17°, ont fourni, après une heure de barattage,

2,300 grammes de beurre, soit 3,84 de beurre pour 100 de lait. Dans un second essai, 60 litres de lait, à la température de 19°, ont été battus en vingt-six minutes, et ont produit 1,857 grammes, soit 3,09 de beurre pour 100 de lait.

Baratte Bernier. — Une autre baratte, qui diffère notablement des types principaux que nous venons d'examiner, est celle de M. Bernier (grav. 30 et 51).

Grav. 30.
Vue perspective de la baratte Bernier.

Le *Journal d'Agriculture pratique* en a donné la description suivante :

« Cette baratte se compose d'une caisse en bois placée sur un chevalet, dans laquelle se trouve un volant à palettes qu'on met en mouvement au moyen d'une manivelle.

« Pour faire fonctionner cet instrument, on soulève le couvercle et on verse dans la caisse le lait ou la crème dont on veut extraire le beurre; puis on introduit dans un compartiment spécial une

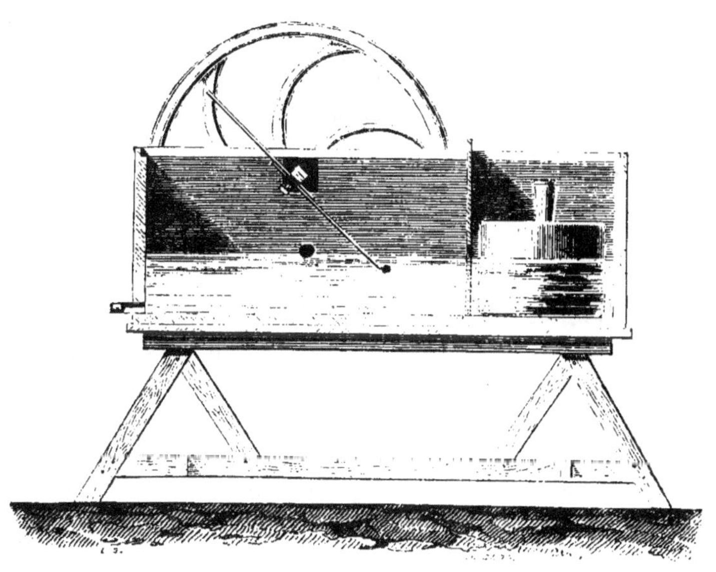

Grav. 31.
Coupe longitudinale de la baratte Bernier.

espèce de bouteille en métal (grav. 31) dont le goulot correspond à un entonnoir figuré sur la vue perspective (grav. 30). On abaisse le couvercle, on verse par l'entonnoir dans ce récipient de l'eau chaude ou de l'eau froide, suivant le besoin, de manière à amener le liquide contenu dans la baratte à la température voulue, et on tourne la manivelle. Pour laisser écouler le lait de beurre, il suffit d'ouvrir une tubulure placée à la partie inférieure. Il ne reste plus qu'à rassembler le beurre par les moyens ordinaires. »

Baratte du Holstein. — Dans la Suisse, dans le Holstein, dans la Hollande, on se servait de diverses barattes, toutes en bois, et remplissant bien leur destination. Dans les premières éditions du *Manuel de l'éleveur de bêtes à cornes*, j'ai recommandé la baratte du Holstein. Depuis 1856, j'ai adopté la baratte du major suédois Sterjnsvard. On trouvera plus loin des détails sur cet instrument.

Dans de grandes vacheries du Holstein et du Danemark, on trouve quelquefois des barattes mises en mouvement par un cheval ou par un bœuf. J'ai vu chez M. Fischer, à Cessingen, près de Luxembourg, un appareil fort simple, au moyen duquel un chien de petite taille faisait mouvoir la baratte. Cet appareil n'est autre chose qu'une roue de cloutier dans laquelle tourne le chien.

§ II. — Barattes en métal.

La plupart des barattes nouvelles sont en métal. Toutes ces barattes, en zinc et en fer-blanc, sont un peu chères, mais elles sont solides, faciles à nettoyer, et avec elles on peut obtenir le beurre en quelques minutes. On leur reproche seulement de provoquer l'adhérence du beurre sur les parois, inconvénient qui ne se présente pas à un si haut degré dans les instruments en bois.

A l'exception de celle du major Sterjnsvard, ces barattes sont complétement fermées. On aurait donc reconnu, contrairement aux résultats des expériences de 1855 rapportés plus haut (p. 170), que dans le barattage l'oxygène n'est pas le principe le plus actif de la formation du beurre, et que cette formation pouvait avoir lieu en vases clos.

Je l'ai déjà fait remarquer, cette question ne me paraît pas complétement élucidée. Rien ne prouve que l'air est sans influence sur la formation du beurre. Il y en a toujours une certaine quantité renfermée dans les barattes closes, et cette quantité, si petite qu'elle soit, peut intervenir dans l'opération du barattage sans que nous sachions mesurer son effet.

Baratte centrifuge du major Sterjnsvard. — La baratte verticale du major suédois Sterjnsvard a paru pour la première fois à l'exposition universelle de 1855 où elle a obtenu un grand succès. J'ai donné précédemment (p. 170) les résultats des essais auxquels elle a été soumise par le jury international.

Dans cette baratte, le mouvement est communiqué au batteur par une roue dentée B (grav. 52 et 53) qui engrène avec un pignon C fixé à l'extrémité de la tige D. Cette tige est creuse ; elle porte trois ailettes verticales E, percées de trous, qui participent au mouvement de l'axe D, et tournent par conséquent avec une vitesse assez grande dans le corps du cylindre F. Trois ailettes *e* (grav. 53), semblables à celles du batteur, sont implantées dans le cylindre F, suivant des plans diamétraux. On conçoit que la crème placée dans un appareil de ce genre subit un froissement énergique qui doit déterminer la prompte formation du beurre.

Le cylindre F plonge dans un bain-marie G muni d'un robinet de vidange H, de manière que l'on peut battre le beurre à la température voulue.

L'appareil est ajusté sur deux madriers, entre deux montants en bois, et il occupe peu de place.

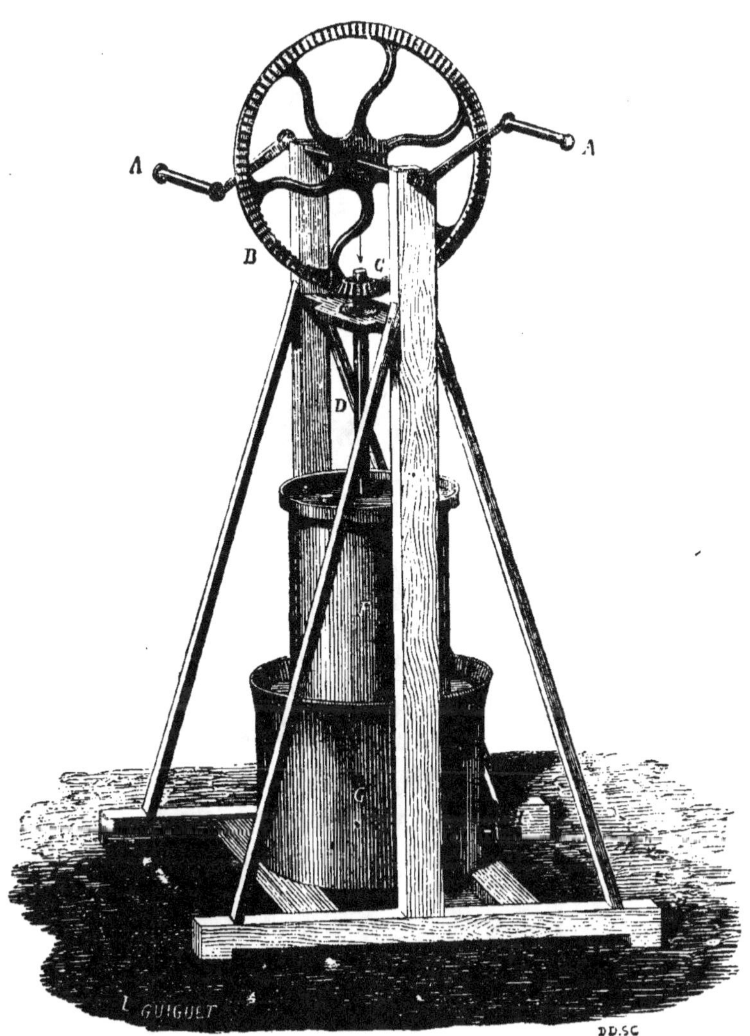

Grav. 52.

Baratte centrifuge du major Sterjnsvard.

11.

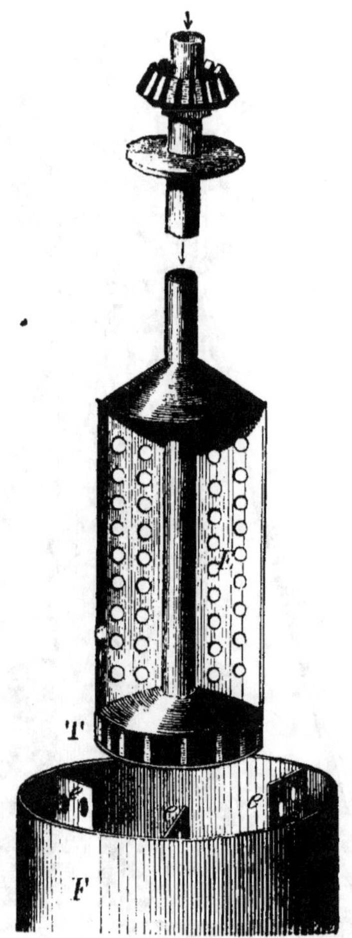

Grav. 35.
Coupe verticale de la baratte centrifuge.

M. Sterjnsvard, convaincu du rôle actif que joue
l'air dans l'opération du barattage, a placé à l'ex-

trémité inférieure de l'axe creux D une turbine T (grav. 33). Dans la rotation de l'axe, cette turbine aspire l'air extérieur et donne naissance à un courant de haut en bas. L'air, projeté dans la baratte par les ailettes de la turbine, produit dans la masse du liquide une agitation continuelle, dont l'effet ne paraît pas encore bien établi, ainsi que nous l'avons expliqué plus haut.

La baratte centrifuge est construite en fer-blanc. Quand on opère, sur une grande quantité de crème, il faut deux hommes pour la faire fonctionner. A cet effet, le constructeur a adapté deux manivelles A à l'axe de la roue dentée qui commande le batteur [1].

Baratte Lavoisy. -- La baratte Lavoisy a figuré également à l'exposition universelle de 1855. Depuis lors, elle a été modifiée et perfectionnée par M. Lucien Charlot.

Elle se compose (grav. 34) d'un cylindre en fer-blanc A, dont l'axe est armé d'une double rangée de palettes en bois espacées de $0^m,06$. Ce cylindre plonge dans une caisse recouverte de planches B, qui fait office de bain-marie. Un levier T permet de

---

[1] On peut avec la baratte que je possède battre en une seule fois jusqu'à 5 kil. de beurre; une seule femme la fait fonctionner sans beaucoup de peine.

Grav. 54 — Baratte Lavoisy.

relever ou d'abaisser à volonté le bain-marie, de manière que le cylindre A soit plus ou moins immergé, selon la température à laquelle on veut porter la crème. On voit en O l'entonnoir par lequel on introduit l'eau dans le bain-marie ; R est le robinet de vidange.

Le batteur est commandé par une manivelle M, dont l'axe porte une roue dentée qui peut engrener avec deux roues de dimensions différentes. Cette disposition permet d'augmenter ou de diminuer la vitesse de rotation du batteur, selon l'effet que l'on veut produire.

L'appareil est protégé par une cage en bois. Il est bien conçu, mais il a l'inconvénient de coûter 100 francs, pour une capacité de 15 à 18 litres de crème.

Baratte horizontale de M. Girard. — Pour terminer cette revue des principales barattes employées en France, il me reste à décrire celle de M. Girard. C'est la plus récente, et on l'annonce comme étant une des meilleures.

Elle consiste (grav. 35, 36, 57) en un demi-cylindre B, dans lequel se meut un batteur à ailettes C. Ce batteur est mis en mouvement par une manivelle fixée à une roue dentée F qui engrène avec un pignon E placé extérieurement à l'extré-

mité de l'axe. La boîte B est munie intérieurement
d'une lame métallique faisant office de contre-
batteur; elle porte un couvercle K percé d'une
rangée de trous, et plonge dans une seconde boîte
en fer battu A destinée à servir de bain-marie.

Grav. 35.
Vue perspective de la baratte Girard.

On voit en L le robinet de vidange du lait de
beurre. Cet orifice est entouré d'une grille *m* qui
retient les molécules butyreuses entrainées par le

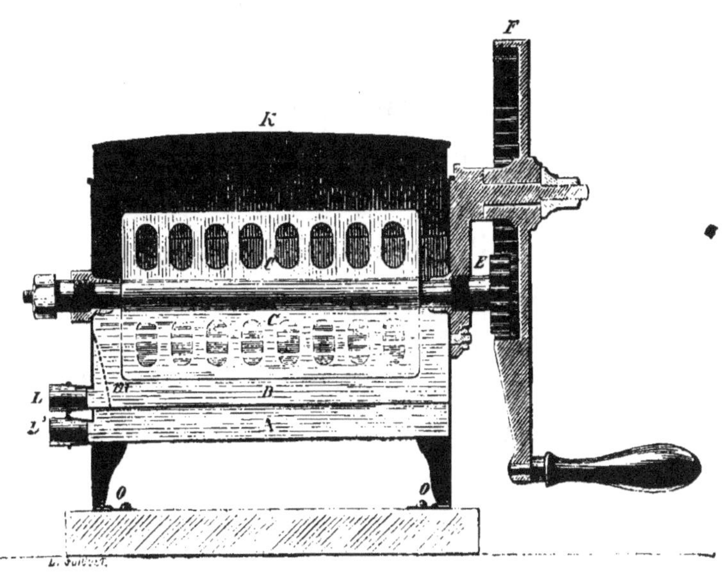

Grav. 56.
Coupe longitudinale de la baratte Girard.

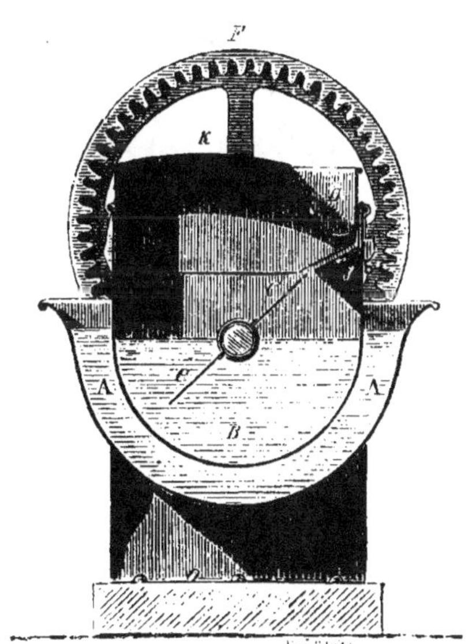

Grav. 57.
Coupe transversale de la baratte Girard.

courant ; L' est le tuyau d'écoulement par lequel on vide le bain-marie.

Cet instrument est fixé solidement par des vis O à un socle en bois.

La baratte Girard coûte 25, 35, 45, ... 275 francs, suivant que sa capacité est de 2, 4, 8, ... 120 litres.

J'ai cité plus haut (p. 172) les résultats de plusieurs expériences exécutées sur la baratte Girard avec du lait et avec de la crème à diverses températures.

Je ne prolongerai pas d'avantage cette description des barattes. J'ai fait connaître les principales ; les autres ne diffèrent de celles-là que par des modifications de détail. Je laisse le lecteur juge de choisir dans le nombre l'instrument qui convient le mieux à l'exploitation de sa laiterie.

CHAPITRE IV

COLORATION, SALAISON ET CONSERVATION DU BEURRE.

———

§ I. — Coloration du beurre.

Le beurre d'hiver n'a jamais la couleur de celui d'été. Ordinairement on le colore. On emploie pour cela différentes substances, telles que le safran, le roucou, les fleurs de souci, le jus de carotte.

Ce dernier procédé est celui qui paraît préférable, au moins dans les ménages où l'on ne fabrique pas une quantité considérable de beurre destiné à être salé. Il consiste à verser dans la baratte, au moment où le beurre est près de prendre, du jus de carotte dans la proportion d'environ deux cuillerées pour un kilogramme de beurre, plus ou moins, selon que les carottes sont moins ou plus foncées en couleur.

On râpe les carottes et on en exprime le jus à travers un linge.

Outre que l'on donne ainsi au beurre une légère teinte jaune, on lui communique en même temps un goût agréable. Des ménagères prétendent même que ce moyen facilite l'extraction du lait de beurre.

§ II. — Conservation du beurre.

Beurre frais. — Le beurre s'altère promptement. Pour le conserver frais, on le place dans un lieu où la température est aussi basse que possible; on le tient dans un vase qui plonge dans de l'eau froide, on le recouvre d'un linge humecté d'eau salée, ou enfin on le couvre d'eau saturée de sel.

Beurre fondu. — On conserve encore le beurre en le faisant fondre pour le purifier entièrement.

Le procédé usité dans les ménages consiste à faire fondre le beurre dans un chaudron de cuivre, sur un feu doux. Quand il est devenu liquide, il monte à la surface une écume qu'on enlève, et les impuretés se précipitent au fond du chaudron. On augmente encore insensiblement le feu jusqu'à ce que le beurre bouille, toujours en écumant et en remuant pour empêcher que les matières précipitées ne brûlent au fond. L'opération est terminée lorsqu'il ne s'élève plus d'écume et que le liquide est transparent. Alors on le laisse refroidir dans le chaudron jusqu'à ce qu'on puisse y tenir le doigt, puis on le décante doucement dans des pots qu'on a fait chauffer.

Beurre fondu au bain-marie. — Au lieu de faire fondre le beurre à feu nu, comme je viens de le dire, il est bien préférable de le faire fondre au bain-marie. Pour cela, on place le vase qui contient le beurre dans une chaudière remplie d'eau à la hauteur suffisante, et on chauffe jusqu'à ce que le beurre entre en fusion.

M. Thenard a recommandé la méthode usitée chez les Tatares, et qui consiste à faire fondre le beurre au bain-marie, à une chaleur qui ne doit pas excéder 82° centig. On laisse le dépôt se rassembler, et lorsque le liquide est transparent, on le décante, on le passe au travers d'une toile et on le fait refroidir tout de suite dans de l'eau très-fraîche. Le beurre ainsi préparé se conserve, dit-on, frais pendant six mois et plus. (*Nouv. Maison rustique.*)

§ III. — Salaison du beurre.

Beurre salé. — On sale le beurre qui doit être expédié au loin, ou conservé longtemps.

Dans le pays de Bray, le beurre, après avoir été soigneusement lavé, est étendu en couches minces sur une grande table très-propre et humide, et on répand dessus, pour chaque kilogr. de beurre, 60 grammes de sel séché au four et broyé dans un mortier. On pétrit le tout avec un rouleau de bois, jusqu'à ce que le sel soit bien incorporé à la pâte.

Salaison du beurre dans le Holstein. — Il se fait dans le Holstein un commerce considérable de beurre salé ; voici la manière dont on le prépare :

Après avoir exprimé le lait de beurre, on couvre le beurre de sel et on le laisse s'en pénétrer pendant un espace de 12 à 24 heures. Alors on le pétrit et on le bat. On le laisse reposer de nouveau pendant 24 heures. On y ajoute encore quelques poignées de sel, et l'on recommence le pétrissage et le battage.

On emploie pour 100 kilog. de beurre environ 6 kilog. de sel.

Le beurre est travaillé jusqu'à ce qu'on en ait extrait la dernière goutte de lait, et qu'il soit sec et semblable à de la cire. Il est alors mis dans les vases destinés à le contenir ; si l'on emploie des barils, ils sont en bois de hêtre.

Avant d'employer le sel, on le sèche et on le broie.

Si au bout de sept à huit jours on s'aperçoit que le beurre s'est tassé, et qu'il s'est formé du vide entre lui et les parois des vases, on prépare une forte saumure en saturant de sel épuré une certaine quantité d'eau, et on la verse froide et peu à peu sur le beurre, jusqu'à ce qu'il en soit bien recouvert. Les pots ou barils contenant le beurre ainsi salé sont placés dans un lieu frais.

Le beurre de mai est d'une belle couleur et d'un goût délicat, mais ne se conserve pas. Le meilleur à saler et à conserver est le beurre d'automne. On a conseillé, pour saler le beurre, de mêler le sel à la crème ; il faudrait alors une plus grande quantité de sel. Je n'ai rien de positif à cet égard.

La quantité de sel employé varie selon que le beurre doit être transporté plus loin et conservé plus longtemps. On fait du beurre demi-sel, du beurre salé et *sur-salé*.

On prépare une excellente composition pour conserver le beurre suivant Twamley, en réduisant en poudre fine et en mêlant ensemble une partie de sucre, une partie de nitre et deux parties de sel. On emploie de ce mélange 60 grammes par kilogramme de beurre ; aussitôt que le beurre a été débarrassé de son petit-lait on pétrit soigneusement. Le beurre ainsi préparé n'atteint sa perfection qu'au bout de quinze jours de salaison. Il se conserve pendant très-longtemps. (*Nouv. Maison rustique.*)

QUATRIÈME PARTIE

DU FROMAGE.

CHAPITRE PREMIER

IMPORTANCE DE LA FABRICATION DU FROMAGE.

La fabrication du fromage est pour beaucoup d'endroits une branche importante d'industrie agricole.

Quoique le lait soit toujours la base de tous les fromages, sans addition d'aucune autre substance [1], cependant chaque pays, chaque canton, a une espèce particulière de fromage qui varie autant par la forme que par le goût.

Nulle part il n'y a de secrets dans la fabrication des fromages; tous les procédés ont déjà été décrits et cependant, en cela comme en toutes choses, la pratique est nécessaire et celui qui voudra faire des fromages d'après les prescriptions d'un livre s'exposera à des mécomptes. Le fermier qui voudra faire la spéculation de convertir en fromage le lait de ses vaches, fera prudemment de ne pas s'en rapporter seulement à la théorie et de recourir d'abord à la pratique, c'est-à-dire de faire venir un fromager, ou d'envoyer en apprentissage dans une fromagerie bien conduite celui qui doit devenir fromager.

Toutefois, si elle a quelques connaissances de la fabrication des fromages en général, une ménagère intelligente, soigneuse et qui sait observer, fera peut-être les premiers fromages médiocres, mais elle pourra cependant arriver à les faire très-bons, au moyen d'une recette écrite. C'est pour cela que j'indique les procédés de fabrication des fromages

[1] Une substance qui colore le fromage, ou quelques assaisonnements qu'on y ajoute, ne font pas, plus que le sel, partie de la substance du fromage.

les plus connus, et je commence par un extrait d'une ouvrage anglais justement estimé : *Les animaux domestiques de l'Europe*, par David Low. Après avoir établi que les produits de la laiterie peuvent être convertis en argent par la vente du lait, par celle du beurre et par celle du fromage, l'auteur consacre quelques pages à la fabrication de ce dernier produit. On en trouvera la traduction à peu près textuelle dans le chapitre suivant.

CHAPITRE II

FABRICATION DU FROMAGE EN ANGLETERRE.

Le troisième produit [1] de la laiterie, dit David Low, est le fromage, qui peut être obtenu en faisant cailler du lait tel qu'il a été trait, sans en rien retrancher, ou en faisant cailler le lait écrémé.

Emploi de la présure. — Pour faire cailler le lait, on se sert de *présure* [2]. La quantité à employer dépend de sa force, elle doit être suffisante pour faire cailler le lait en une heure de temps environ. Si

[1] On sait que les deux premiers produits de la laiterie sont : 1° le lait vendu frais, 2° le beurre.

[2] La *présure* est une liqueur tirée du suc gastrique contenu dans la caillette ou quatrième estomac du veau. Je donnerai plus loin la manière de la préparer.

la coagulation marche trop promptement, soit par
excès de présure ou élévation trop considérable de
la température du lait, le caillé est dur et sec, le
fromage manque de qualité dans son grain et sa
saveur; si la force de la présure ou le degré de
chaleur ne sont pas suffisants, le caillé ne peut pas
acquérir la consistance nécessaire.

Coloration du fromage. — Avant l'addition de
la présure, il est d'usage, dans les laiteries an-
glaises, d'ajouter au lait quelque matière colorante
pour communiquer une teinte rouge au fromage.
La substance la plus ordinairement employée est le
roucou, qu'on obtient de la pulpe rouge enveloppant
les semences du *Bixa orellana*, et qui est importé
de l'Amérique méridionale et des Indes occiden-
tales sous la forme de boules rouges. On le dissout
dans une tasse de lait en en frottant un petit morceau sur une pierre destinée à cet usage, jusqu'à
ce que le lait prenne une couleur rouge. Ce lait
ainsi coloré donne à toute la masse à laquelle il est
mêlé une couleur orangée.

Quand la couleur est bien mélangée, on ajoute
la présure, on remue le tout, on couvre la cuve
avec un épais canevas de toile et on laisse en repos
jusqu'à ce que la coagulation soit entièrement terminée.

Telle est la manière d'opérer, si l'on a assez de vaches pour pouvoir faire un ou plusieurs fromages à chaque traite. Si l'on doit employer le lait de plusieurs traites, le lait des traites précédentes doit être chauffé au degré nécessaire, avant de le mélanger avec celui de la dernière traite. On peut chauffer sur le feu la totalité du lait ancien jusqu'à environ $+ 52°$ cent. en le mettant dans un vase d'étain ou de cuivre, que l'on place dans une chaudière d'eau bouillante, ou enfin en chauffant seulement une partie du lait suffisamment pour que, mêlé à l'autre, il en élève la température au degré convenable.

La température la plus favorable pour faire cailler le lait est de environ $+ 32°$ cent. (Selon la *Nouv. Maison rustique*, 28 à 50°).

Le caillé étant formé, on en exprime le petit-lait.

La méthode considérée comme la meilleure consiste à couper promptement le caillé dans toutes les directions, et le mieux est de se servir pour cela d'un couteau spécial composé de plusieurs lames distantes l'une de l'autre de 25 millim. En divisant le caillé, le petit-lait suinte rapidement et monte à la surface, tandis que le caillé tombe au fond du vase. On ôte alors le petit-lait le plus tôt possible, partie en décantant et partie en l'enlevant au moyen d'une cuiller de bois. On continue en même temps à diviser le caillé avec le couteau, de manière à extraire tout le petit-lait qu'on peut obtenir par ce moyen.

Le caillé est ensuite placé sur une planche ou dans un baquet percé, puis est brisé et comprimé avec les mains; cette manipulation est soigneusement continuée, aussi longtemps qu'on peut faire sortir quelques gouttes de petit-lait.

Le caillé doit être d'abord exprimé doucement, parce que, sans cette précaution, une partie de la crème s'écoulerait avec le sérum.

Presse à fromages. — Le caillé est ensuite soumis à l'action de la presse à fromages [1]. Dans un moule en bois, de la grandeur et de la forme qu'on veut donner au fromage, on étend une toile sur laquelle est placé le caillé bien divisé, on rabat la toile par-dessus et le tout est mis sous la presse. Le caillé reste en presse pendant une heure ou deux, après quoi on le sort du moule, on le met dans une toile fraîche et on le replace sous la presse. On répète la même opération plusieurs fois de six en six heures. Au bout de trois jours

---

[1] On trouvera plus loin la description d'une presse à fromages provenant des ateliers d'un constructeur anglais.

au plus, selon la perfection des manipulations antérieures, l'opération est terminée.

La pression du caillé peut avoir été graduelle-
ment en augmentant de 27 jusqu'à 156 kil.

En cet état, le fromage doit être mis dans une
chambre fraîche, et on le sale s'il ne l'a pas été
précédemment. Quelquefois on sale le caillé, d'autres fois on couvre de sel le fromage chaque fois
qu'on l'ôte de dessous la presse; d'autres fois encore,
après qu'il a été pressé, on le frotte chaque jour de
sel pendant huit à dix jours. On peut aussi le laver
une ou deux fois à l'eau chaude et finalement le
graisser avec du beurre, afin qu'il soit doux à sa
surface et ne se fende pas. On le place ensuite dans
le magasin sur une table où il reste jusqu'à la
vente. On le retourne chaque jour pendant un certain temps et on tient la croûte propre et nette en
la graissant et en la brossant.

La chambre aux fromages doit être modérément
fraîche et ventilée sans admettre de courant d'air.
On doit la tenir excessivement propre et laver fréquemment les murs et autres parties avec du chlorure de chaux afin de détruire les émanations et
de prévenir la multiplication des insectes qui dé-
posent leurs œufs dans le fromage.

Fromage à la crème. -- Lorsqu'on veut avoir du

fromage très-riche, on y ajoute de la crème outre celle que contient naturellement le lait que l'on fait cailler. C'est ainsi que sont fabriqués les riches fromages de Stilton, Cottenham et Southam, ordinairement appelés fromages à la crème. Pour leur fabrication, chaque matin après la traite, on mêle au lait qui en provient la crème levée sur la traite de la veille au soir, on ajoute la présure et on laisse coaguler à la manière ordinaire, avec cette seule différence que la coagulation doit avoir lieu plus lentement et que pour cela la température du lait est tenue un peu plus basse.

Pour que la crème ne s'échappe pas, on sépare aussi le petit-lait avec plus de précautions, et au lieu de presser fortement dans la presse à fromages, on presse seulement dans des linges que l'on serre autour du caillé.

Dans la fabrication du fromage de Stilton, qui est le plus estimé de cette classe, lorsque le caillé est formé, on l'enlève avec précaution et on le place sur une planche. Quand le petit-lait est écoulé, on comprime soigneusement le caillé entre les mains jusqu'à ce qu'il soit devenu sec et ferme, et dans cet état on le met dans un moule. On le place ensuite sur une planche sèche et on l'enveloppe dans des liens de toile que l'on resserre au besoin. Les extrémités du fromage sont brossées avec soin, et quand on change les toiles, les côtés sont traités de la même manière.

Fromage maigre. — Une autre classe de fromages se compose de ceux que l'on fait avec du lait écrémé et qu'on appelle ordinairement fromages maigres. Ils sont moins riches, moins estimés et beaucoup moins chers que les autres, mais ils sont presque aussi nourrissants. Il s'en consomme une grande quantité à l'état frais dans les classes pauvres. Ils se conservent mieux dans les climats chauds que les espèces plus riches, sont moins exposés aux attaques des larves d'insectes et conviennent mieux, pour ces motifs, aux approvisionnements de la marine.

Ils doivent être faits de la même manière et avec les mêmes soins que les fromages de lait non écrémé.

On produit du fromage dans presque toutes les parties du Royaume-Uni, mais ses qualités varient beaucoup dans les différents districts, à raison du soin et de l'habileté avec lesquels on le fabrique.

Fromage de Gloucester. — Le comté de Gloucester, où les riches vallées de la Severn et de l'Avon sont livrées à la dépaissance d'immenses troupeaux de vaches laitières, fournit une quantité considérable de fromages.

Le fromage de Gloucester est de deux espèces, le simple et le double.

Le premier est fait avec le lait frais de la traite du matin, auquel on ajoute le lait de la veille au soir qu'on a préalablement écrémé pour faire du beurre.

Ce fromage, ainsi privé d'une partie de la crème du lait, est si bien fait qu'il est encore supérieur à beaucoup d'autres qui contiennent la totalité de leur crème.

Le double gloucester, dont la plus grande partie est produite dans le canton de Berkley, est fait avec du lait qui contient toute sa crème naturelle. C'est le fromage le plus généralement estimé que l'on produise en Angleterre, parce qu'il réunit une saveur douce et agréable à toute la richesse désirable.

Fromage de Chester. — Le plus grand district fromager après le précédent est le comté de Chester, qui a de tout temps été renommé pour cette production entre tous ceux de l'Angleterre.

Le fromage de Chester est préparé avec le lait du matin auquel on ajoute celui de la veille au soir avec sa crème. Il subit une manipulation plus compliquée que celui de Gloucester et il est beaucoup plus saturé de sel. Non-seulement on sale le caillé, mais on imprègne le fromage extérieurement de sel et on le fait tremper dans la saumure.

Les fromages de Chester sont très-grands, ils pèsent de 27 à 45 kilog. et plus encore. On ne les considère comme faits et bons à manger que lorsqu'ils ont deux ans de fabrication. Ils ont une saveur forte qui augmente avec l'âge, et diffèrent également par la saveur et par la nature de leur pâte des fromages doux et suaves de Gloucester et des districts voisins. Mais ils se conservent admirablement bien et donnent lieu à une exportation beaucoup plus considérable qu'aucun autre fromage anglais.

Fromages de Stilton. — En traversant l'Humber au sud, on trouve le district où sont produits les plus riches fromages avec excès de crème. On les fabrique principalement dans le comté de Leicester. On les nomme Stilton, de la ville du même nom, sur le marché de laquelle ils furent d'abord connus.

Ces fromages sont fabriqués avec le lait du matin auquel on ajoute la crème de la traite du soir précédent.

Ils sont recherchés pour leur richesse supérieure et leur agréable saveur, mais leur prix élevé en limite la consommation aux besoins des classes les plus opulentes. On ne les trouve pas suffisamment faits pour l'usage jusqu'à ce qu'ils aient deux ans de fabrication et qu'ils soient dans un état naissant de décomposition.

On produit encore un autre fromage entièrement formé de crème coagulée, mais ce fromage ne peut être employé qu'à l'état frais, il ne peut pas donner lieu à un commerce important en dehors des endroits où on le fabrique, et on le considère seulement comme un objet de friandise.

Fromages de l'Écosse. — Bien que l'Écosse produise beaucoup de lait, elle est très-inférieure à l'Angleterre pour la production des fromages fins.

Les fromages d'Écosse sont en général maigres et manquent de richesse, de saveur et d'arome; cependant, avec les progrès introduits récemment dans la laiterie, cette fabrication s'est beaucoup améliorée.

Fromages de l'Irlande. — L'Irlande ne mérite aucune mention particulière pour la fabrication de ses fromages. La principale destination des laiteries dans ce pays est la production du beurre et celle du lait de beurre, qui convient le mieux à la misère des tenanciers irlandais et à l'état de morcellement du sol.

Rendement du lait en fromage. — Sous le rapport des produits de la laiterie, on estime ordinairement (en Angleterre) que 3,3 à 3,8 litres de lait peuvent produire 453 grammes de fromage. Le lait écrémé en donne environ 25 p. 100 de moins que celui dont on n'a pas enlevé la crème.

En d'autres termes, il faut environ 1 gallon de lait pour obtenir 1 livre 3 de fromage [1].

Le prix du fromage gras peut être évalué à fr. 1,30 environ le kilogramme. Celui de lait écrémé, de 65 à 85 c. le kilogramme, et celui du beurre, de fr. 2,20 à fr. 2,75 le kilogramme.

La quantité de lait donnée par une vache varie beaucoup avec la race et les qualités individuelles de l'animal. Chez les petites vaches des classes inférieures le produit peut être de 900 à 1,800 lit., il s'élève de 2,500 à 4,500 lit. par an chez celles d'un mérite supérieur. La quantité de lait produit par une vache varie aussi beaucoup selon l'abondance et la qualité de la nourriture qu'elle consomme, tellement qu'une vache donnera du lait presque en proportion de la nourriture qu'on la mettra à même de s'assimiler.

---

[1] Un gallon équivaut à 4 litres 54 et la livre anglaise pèse un peu moins de 500 grammes.

La haute valeur des produits de la laiterie et la prodigieuse variété dans les qualités lactifères individuelles des vaches démontrent la grande importance de répandre la connaissance des perfectionnements de la fabrication du beurre et du fromage, des moyens d'élever une race convenable de vaches et de la nourrir de la manière la mieux appropriée aux ressources et aux besoins du propriétaire de la laiterie.

CHAPITRE III

FABRICATION DU FROMAGE EN FRANCE.

Après avoir indiqué d'une manière générale la fabrication du fromage en Angleterre, je vais passer aux détails de cette fabrication en France et dans les pays du continent où l'on fabrique les fromages les plus estimés.

§ I. — Local de la fromagerie.

Dans les petites exploitations agricoles, où les bâtiments sont en général peu commodes et presque toujours insuffisants, on a rarement un local spécial pour la fabrication du fromage. On se sert de la cuisine telle qu'elle est, d'un cabinet y attenant et d'une cave ou d'un cellier.

Si la fabrication devient quelque peu considérable, il faut un local exprès. Il se compose d'un nombre de pièces plus ou moins grand, selon l'importance de cette industrie. Ce local comprend, en général :

1° La *laiterie*, où l'on dépose le lait qui arrive de l'étable et que j'ai déjà décrite;

2° La *cuisine*, où l'on fait chauffer le lait et dans laquelle il doit y avoir une chaudière au bain-marie;

3° Une pièce dans laquelle on fait égoutter les fromages placés dans leurs moules, réunie souvent à une autre pièce appelée *saloir*, où l'on sale les fromages;

4° enfin, le *magasin* où les fromages attendent le moment d'être livrés à la consommation ou à la vente.

Le magasin doit être garni de tablettes sur lesquelles on dépose les fromages. Les caves voûtées et aérées conservent très-bien les grosses formes de Gruyère, et c'est à ses caves à fromages que Roquefort doit en grande partie la réputation de ses produits.

J'ai déjà indiqué la température la plus favorable de la laiterie, 10 à 12 degrés centig. On doit mettre les autres parties de la fromagerie à l'abri des variations de température; le magasin doit être garanti de l'accès de la lumière, de l'air froid et humide, et des mouches et autres insectes qui pourraient déposer leurs œufs sur les fromages.

Dans la Brie, on fait égoutter les fromages sur des espèces de tables en maçonnerie adossées à la muraille; ces tables ont une légère pente et sont munies d'une rigole pour l'écoulement des jus qui tombent dans un réservoir, où on les puise pour la nourriture des porcs.

Égouttoir à fromages. — Cette installation, ainsi qu'on l'a fait remarquer, est défectueuse. Les égouttoirs, qu'ils soient faits en pierres ou en briques jointes avec du ciment, se dégradent assez rapidement sous l'action dissolvante du petit-lait. Il se forme des fissures qui deviennent souvent des foyers de putréfaction, malgré tous les soins de propreté.

On a cherché à remplacer la maçonnerie par des tables en plomb et en zinc, mais ces matériaux étaient aussi très-promptement dégradés par le petit-lait. Des tables en ardoises ou en granit conviendraient très-bien ; malheureusement elles ont l'inconvénient de coûter fort cher, et on n'en trouve pas partout.

Pour remédier à ces inconvénients, un habile cultivateur de la Brie, M. Chalambel, a fait construire un égouttoir en chêne, mobile, d'une installation commode et facile à nettoyer. La grav. 58 en montre la vue perspective.

« Cet égouttoir, dit M. Chalambel, se compose d'une table formée de plusieurs madriers de chêne, de $0^m,05$ d'épaisseur sur $0^m,20$ à $0^m,25$ de largeur, selon la dimension des fromages usités dans le pays. Les madriers sont assujettis les uns aux autres au moyen de deux fortes tiges de fer EE (grav. 59) traversant la table dans toute sa largeur et portant des boulons à leurs extrémités.

« La table repose sur des tréteaux. Sa surface est munie de cannelures A creusées dans le bois et séparées entre elles par un intervalle B double de leur largeur (grav. 59 et 40). Toutes ces cannelures, commençant à une des extrémités de la table, aboutissent à une rigole C, qui peut elle-même déverser son contenu dans un récipient par le canivau D. »

La gravure 58 nous montre un appareil de ce genre complétement installé. On voit en H deux

Grav. 58.

Vue perspective de l'égouttoir à fromages, chargé de ses moules.

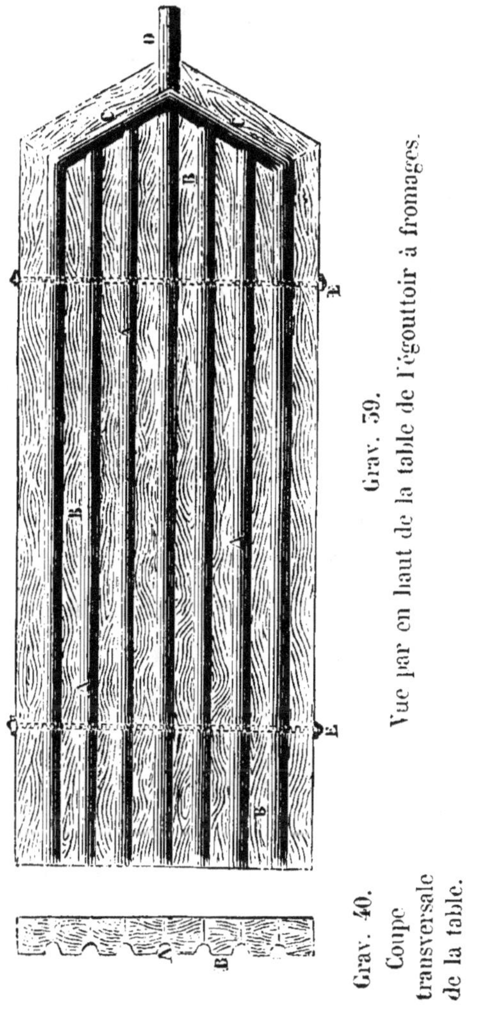

Grav. 39.
Vue par en haut de la table de l'égouttoir à fromages.

Grav. 40.
Coupe transversale de la table.

moules à fromages, l'un plein et l'autre vide, reposant sur des clayettes en osier G, qui sont elles-
mêmes placées sur deux planches F.

« Cet appareil est inusable, affirme M. Chalambel, car on sait que le bois de cœur de chêne, constamment saturé d'eau, dure indéfiniment, et c'est ce qui a lieu pour un égouttoir constamment chargé de fromages. Celui que j'emploie depuis dix ans est dans le même état que s'il sortait de la main de l'ouvrier, tandis qu'un égouttoir en maçonnerie eût été refait au moins trois fois. »

Séchoir à fromages. — J'ai dit que les fromages, au sortir des moules, étaient portés au magasin jusqu'au moment de la vente. On les dépose sur des tablettes, où ils subissent une dessication plus ou moins rapide. Dans la Brie, on attache une grande importance à cette dernière phase de la fabrication des fromages, et la forme des tablettes n'est pas indifférente.

Tout d'abord il importe de pouvoir régler à volonté l'aération du magasin. Pour cela, il faut que les fenêtres, munies de toiles et de persiennes, comme celles de la laiterie, soient, autant que possible, à l'abri des rayons du soleil. Avec ces précautions, on ne laisse entrer dans la chambre que la quantité d'air nécessaire à la réussite de l'opération. D'après M. Chalambel, « certaines sortes de fromages, notamment les fromages connus sous le nom de brie gras, exigent une dessication beau-

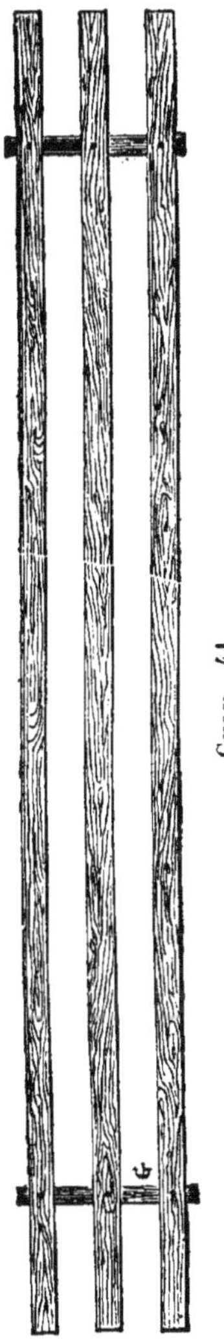

Grav. 41.

Vue par en haut d'une tablette à jour.

Grav. 42.

Support des tablettes

coup plus lente que d'autres. Les fromages maigres, généralement livrés à la consommation locale
et produits dans les pays à beurre, exigent, au contraire, une dessication très-rapide. »

M. Chalambel conseille d'employer des tablettes
à jour formées de trois planches F (grav. 41) de 6
à 7 centimètres d'épaisseur reliées par des tra-
verses G. On les dispose horizontalement sur les
barreaux B de deux supports AA (grav. 42) suspendus au plafond, dans le sens du courant d'air,
par des fils de fer et des crampons CE. Les fromages supportés par des clayettes (grav. 43) sont

Grav. 43.
Clayette pour placer les fromages.

rangés sur ces tablettes et reçoivent l'air de tous
les côtés.

La gravure 44 montre un séchoir de ce genre
portant quatre tablettes.

Ces tablettes présentent, sur celles qu'on a l'ha-

Grav. 44. — Tablettes chargées de fromages.

bitude d'adosser à la muraille, des avantages in-
contestables. D'abord les fromages sont à l'abri de
la dent des rongeurs, qui ne peuvent les atteindre,
à moins qu'il n'y ait des fissures au plafond; ensuite les insectes ne trouvent pas un refuge dans
les interstices qui existent nécessairement entre les
planches et la muraille, comme cela arrive avec
les séchoirs adossés au mur. Enfin, cet appareil
peut se démonter et se nettoyer sans peine. Si l'on
a eu soin de faire crépir et blanchir à la chaux les
murs du magasin, il est bien facile d'entretenir
dans la pièce la propreté indispensable à la conservation des fromages.

Ces tablettes n'ont pas besoin d'avoir une grande
résistance, et on peut les construire en bois blanc.

§ II. — Ustensiles de la fromagerie.

Les ustensiles de la fromagerie sont fort nombreux, et leur forme varie beaucoup, selon les
pays.

Outre la chaudière de la cuisine, on a besoin du
matériel suivant :

Des baquets dans lesquels on met le lait en présure ;

Des couteaux pour diviser le caillé. — En Suisse,
le couteau à fromage est une lame en bois ou
spatule très-mince; — dans le Gloucester, il est
formé de trois lames en acier; — en Auvergne, on
emploie une spatule composée d'un cercle porté
par une tige (grav. 45) et munie d'une ailette BC,

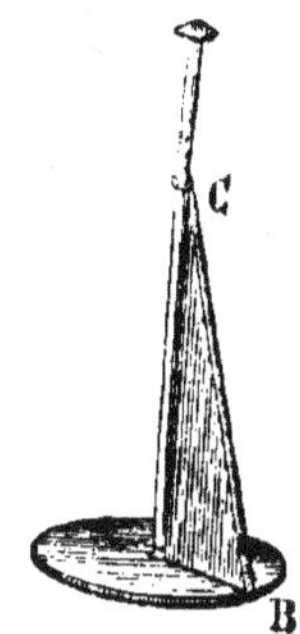

Grav. 45.
Spatule employée en Auvergne pour rompre le caillé.

qui permet, quand on fait tourner l'instrument
dans le baquet, de réunir les molécules de fromage
en suspension dans le liquide;

Des vases pour faire la décantation des liquides;
dans les fromageries de l'Auvergne, ces vases consistent en un cylindre en bois porté sur une tige
emmanchée en son centre (grav. 46);

Une table pour pétrir le fromage; — dans quel-

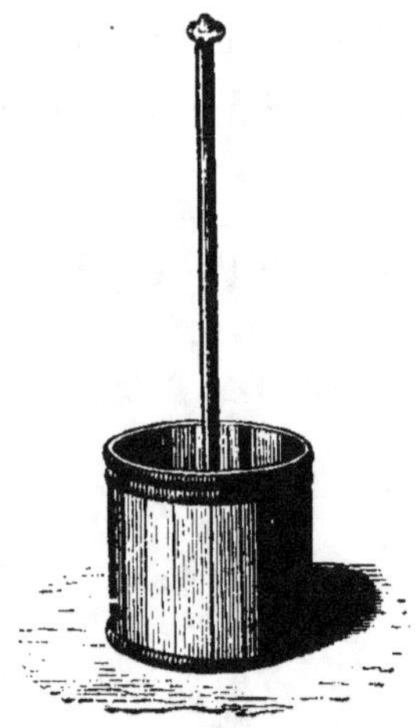

Grav. 46.
Vase pour décanter le petit-lait.

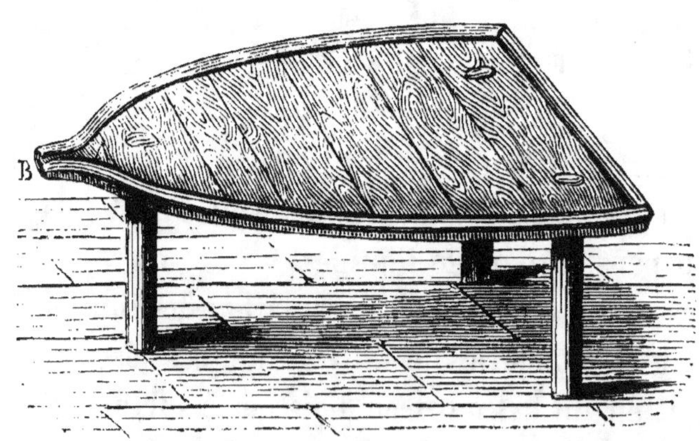

Grav. 47.
Table à fromage.

ques pays, cette table est triangulaire (grav. 47);
elle est portée par trois pieds de 0^m,16 à 0^m,20, et
elle présente au sommet une rigole B pour l'écoulement du petit-lait;

Des auges percées de trous, dans lesquelles on
pétrit les fromages; — en Auvergne, on emploie

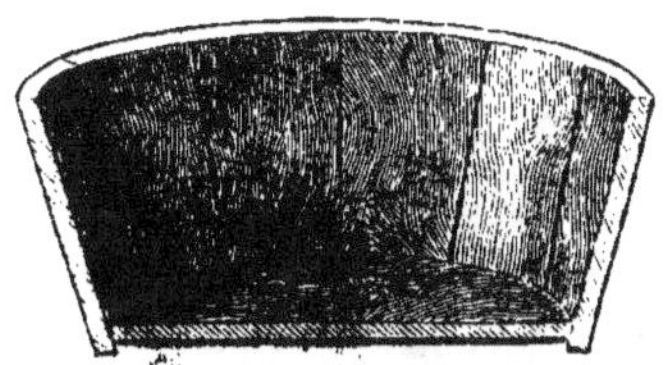

Grav. 48

Coupe de l'auge employée en Auvergne pour le pétrissage
du fromage.

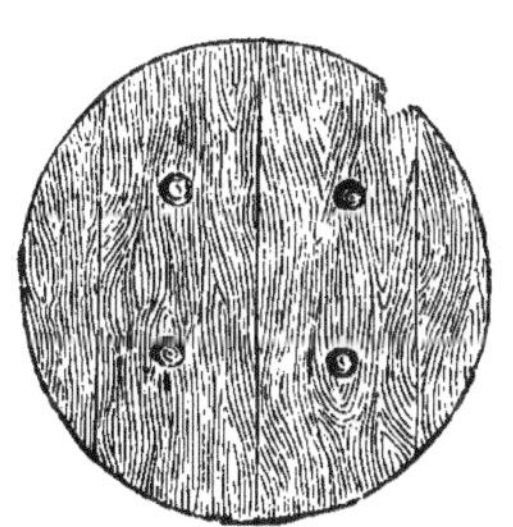

Grav. 49.

Fond de l'auge à fromage.

des auges dont la disposition est représentée par
les figures 48 et 49;

Des linges ou toiles dans lesquels on enveloppe
le caillé pour le soumettre à la presse;

Des formes ou moules en bois qui, selon les
pays, varient de formes et de dimensions; —
quelquefois les moules sont de simples feuilles de
bois AB (grav. 50) que l'on enveloppe dans des
cercles en bois très-résistants (grav. 51);

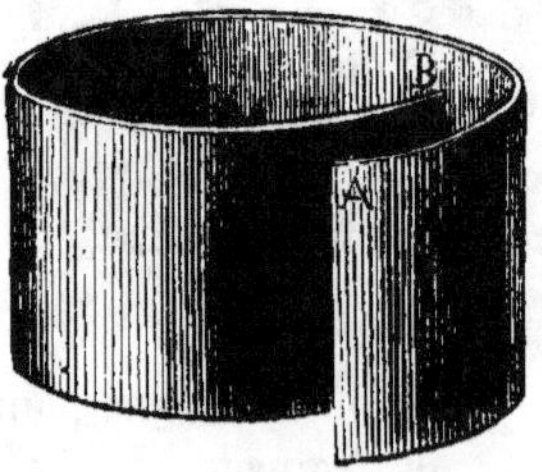

Grav. 50.
Feuille de bois pour faire des moules à fromages.

Grav. 51.
Cercles pour envelopper les moules à fromages.

Des ronds à fromages, plaques aussi en bois,
polies, qui servent à couvrir les fromages qu'on
met sous presse, et des clayettes en osier sur lesquelles on place les fromages légers qui doivent

subir une certaine dessication avant d'entrer dans le commerce;

Enfin, la presse à fromages. En Suisse et dans presque toute la France, la presse n'est qu'une planche ou une caisse chargée de pierres, qu'on élève ou qu'on abaisse avec des cordes fixées à des poulies ou un levier, ou par tout autre moyen. En Angleterre, on a inventé des presses en fonte qui sont assez répandues de l'autre côté du détroit.

Presse à fromages anglaise. — La presse de M. William Dray (de Londres) est un instrument fort ingénieux qui mérite à tous égards la réputation dont il jouit en Angleterre. Elle se compose d'un plateau mobile en fonte supporté par une vis H (grav. 52 et 53) qui traverse la partie supérieure du bâti de la machine. Cette vis reçoit son mouvement du pignon G, qui lui-même est commandé par la roue dentée F, laquelle est mise en marche par une manivelle. Ainsi, en tournant la manivelle dans un sens ou dans l'autre, on soulève le plateau mobile, ou bien on le fait descendre horizontalement, de manière à le rapprocher autant qu'on veut du plateau fixe.

Avec un appareil de ce genre construit solidement, on peut exercer sur les fromages une pression considérable.

Mais il ne suffit pas que la pression soit forte, il faut aussi qu'elle soit constante. Or quand les fro-

Grav. 52.
Presse à fromages de M. William Dray.

mages ont été soumis à la presse pendant un certain temps, il se produit un tassement dans toute la masse, la constitution moléculaire se modifie, en sorte que la résistance opposée au plateau compresseur diminue notablement. C'est un inconvénient auquel M. Dray a remédié d'une manière très-heureuse.

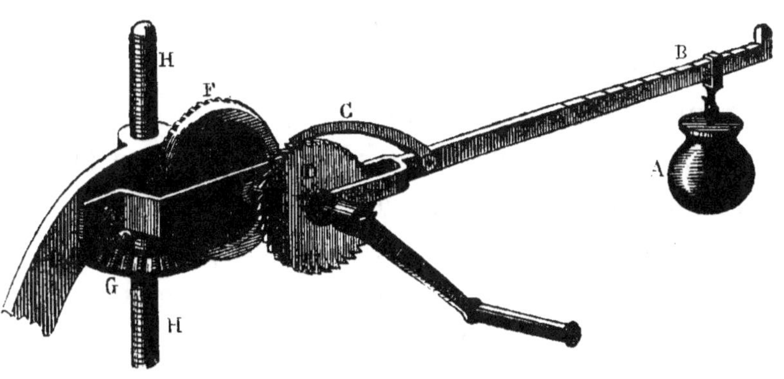

Grav. 55.
Encliquetage de la presse à fromages.

A cet effet, il a fixé sur l'arbre de la manivelle une roue à rochet D (grav. 53). Un levier B portant un contre-poids A est articulé sur l'axe de la roue à rochet ; il est muni d'un cliquet C terminé par un crochet qui s'engage dans les dents de la roue C. On comprend sans peine l'avantage de cette disposition. Quand le fromage se tasse, et que, par suite, la pression diminue, l'action du contre-poids A tend à faire tourner la roue à rochet, et par conséquent tout le système d'engrenages qui commande le plateau mobile. Ce dernier se rapproche du plateau fixe, et la pression reste sensiblement constante pendant toute la durée de l'opération.

Les presses à fromages identiques ou analogues à celle que je viens de décrire sont employées en Angleterre sur une grande échelle. En France, elles ne sont pas encore bien connues.

Outre ces ustensiles principaux, la fromagerie contient encore des instruments nommés *brassoir* ou *moussoir*, qui servent à diviser, à rompre et rassembler le caillé, un thermomètre pour régler la température, des mesures pour mesurer le lait et une balance pour peser les fromages.

Moulin pour rompre le caillé. — On trouve dans quelques laiteries, pour rompre et broyer le caillé, un moulin, dont la *Nouvelle Maison rustique* donne la description.

Lorsque le caillé a été bien divisé à l'aide du couteau à trois lames, et qu'on en a décanté le petit-lait, on le met dans les formes en le divisant encore et en le comprimant avec les mains. On couvre la masse d'un linge et on la met sous la presse pendant une demi-heure. On retire ensuite la forme, on enlève le fromage que l'on brise en morceaux et qu'on jette dans le moulin. Par ce moyen le fromage est promptement et sans peine réduit en particules très-fines, en une espèce de pulpe. Un autre avantage de cette méthode, c'est que la pâte conserve toutes les parties butyreuses, dont une partie est perdue par l'ancienne méthode de travailler le caillé avec les mains.

§ III. — Saison la plus favorable pour la fabrication du fromage.

La saison la plus favorable pour faire de bon fromage est l'époque où les vaches pâturent ou sont nourries en vert à l'étable.

Pendant quelque temps on a cru qu'on ne pouvait faire du fromage qu'en été. Si cette fabrication n'a effectivement lieu qu'en été dans les pays où elle est le mieux entendue, comme la Suisse, la Hollande, c'est que dans ces pays les vaches ont une abondante pâture à cette époque, tandis que pendant l'hiver elles sont nourries, souvent parcimonieusement, à l'étable. On s'arrange de manière que les veaux naissent à la fin de l'hiver. Depuis le printemps, les vaches, abondamment nourries, fournissent une grande quantité de lait jusqu'à l'automne, et lorsqu'on les rentre à l'étable à l'approche de l'hiver, elles sont déjà avancées dans la gestation, et la production de lait n'est plus assez considérable pour qu'on puisse continuer avec profit la fabrication du fromage.

Lorsque les vaches sont toute l'année abondamment nourries à l'étable, en été de fourrage vert, en hiver de bon foin, de racines, tourteaux, etc.; lorsque, en outre, les veaux naissent à toutes les époques, la production du lait est à peu près régulière, là aussi on peut toute l'année fabriquer de bon fromage.

§ IV — Formation du caillé. — Présure.

Séparation naturelle de la crème et du caillé. — Lorsque le lait est abandonné à lui-même, la partie butyreuse, plus légère, s'élève à la surface, le caséum reste au-dessous, et au bout d'un certain temps se coagule et forme le caillé, qui est consommé sous cette forme, ou qui sert à faire des fromages maigres.

Présure. — Comme pour faire les fromages plus délicats, on doit employer le lait tel qu'il a été trait sans en rien retrancher, il a fallu trouver un moyen de coaguler la totalité du lait avant que la crème ait eu le temps de se séparer du caséum. On em-

ploie pour cela la *présure*, liqueur préparée avec
la caillette, le quatrième estomac du veau. On peut
employer aussi le lait caillé que l'on trouve dans
l'estomac d'un jeune veau qui n'a été encore nourri
que de lait, et aussi cet estomac lui-même; mais
l'emploi de la présure, plus simple, plus facile, est
à préférer.

Cette présure se prépare de diverses manières.

En Suisse, on prend un estomac de veau frais,
on enlève le lait caillé qu'il contient, on le sale légèrement à l'intérieur, on le souffle et on le fait
sécher à une température modérée. Quelques jours
avant de s'en servir, on le coupe en morceaux et
on le jette dans un litre de petit-lait ou d'eau tiède,
dans laquelle on a mis un peu de sel. Deux jours
après, on peut se servir du liquide comme présure;
elle se conserve plusieurs semaines dans des vases
fermés, déposés dans un lieu frais. Seulement,
après quatre à cinq jours, il faut avoir soin d'enlever les morceaux de caillette qui feraient fermenter la présure et donneraient au fromage un
goût désagréable.

Préparation de la présure au Rittershof. — Au
Rittershof, on prépare la présure d'avance de manière à en avoir pour un certain temps.

On prend pour cela des estomacs de veau frais,

et, après les avoir bien lavés, on les met dans une écuelle, en couvrant de sel chaque estomac. On les laisse ainsi pendant deux ou trois jours. Ils sont ensuite soufflés et suspendus dans un endroit où ils puissent sécher.

Quand on veut les employer, on les découpe en petits morceaux et on les met infuser dans de l'eau froide, dans la proportion de un litre et demi d'eau pour un estomac. On y ajoute du sel et des aromates, tels que des clous de girofle, des feuilles de laurier, des écorces de citron. On laisse infuser pendant deux ou trois jours, on passe ensuite au travers d'un tamis, et on met le liquide dans des bouteilles qui, placées à la cave, se conservent pendant plusieurs mois.

Quand on veut se servir de la présure, on s'assure de sa force par des essais, afin de connaître la quantité que l'on doit en employer chaque jour. On verra que trop ou trop peu de présure nuit sensiblement à la qualité du fromage.

Quelle que soit la méthode que l'on adopte pour la préparation de la présure et sa conservation, on ne peut apporter trop de soins et de propreté dans ces opérations qui exercent une grande influence sur la qualité du fromage.

Il faut se garder d'user d'une présure trop nouvelle qui fait lever le fromage. — Il faut éviter de même d'user d'une présure trop ancienne qui commencerait à s'altérer; elle gâterait tout le fromage et lui communiquerait un mauvais goût.

Force de la présure. — La force de la présure n'étant pas constante, l'expérience est le seul guide pour la quantité à employer. Un bon fromager se trompe rarement et juge très-exactement de sa force en l'essayant sur une petite quantité de lait.

Quantité de présure à employer. — On estime qu'il faut en moyenne 12 grammes de présure pour coaguler 10 litres de lait. Pour plusieurs espèces de fromages on en emploie moins.

§ V. — Principes généraux de la fabrication des fromages.

Les fromages peuvent se diviser en quatre classes : 1° les fromages préparés avec du lait de vache; 2° Ceux faits avec du lait de chèvre; 3° les fromages au lait de brebis; et 4° les fromages obtenus avec des laits mélangés. Chacune de ces classes peut elle-même se subdiviser en deux catégories comprenant les fromages mous frais ou salés et les fromages à pâte ferme.

On désigne sous le nom de fromages maigres les

fromages obtenus avec le caillé provenant du lait écrémé ; les fromages gras sont préparés avec le lait non écrémé, et quelquefois même additionné d'une certaine quantité de crème. On sait enfin que les fromages se fabriquent de deux manières, soit en faisant chauffer le lait, soit en le faisant cailler à une température peu élevée.

Mise en présure. — Quel que soit le genre de fromage que l'on fabrique, il faut faire coaguler le lait. C'est une opération importante qui exerce une grande influence sur la qualité des fromages ; aussi nous avons cru devoir donner des détails étendus sur la préparation de la présure.

L'état du petit-lait indique si l'on a bien opéré. Lorsqu'il est clair et d'une couleur verdâtre, c'est une preuve que la coagulation a été bonne ; lorsqu'il est blanc et trouble, il entraîne du beurre, le fromage est fade et de peu de valeur ; le caillé est alors imparfait, il retient du petit-lait qu'on ne peut pas en séparer et exige plus de sel, ainsi qu'une plus forte pression.

Une règle générale dans la fabrication des fromages, surtout de ceux qui ne se font pas par la cuisson, c'est de mettre en une seule fois la quantité de présure nécessaire pour opérer la coagulation complète.

Presser les fromages. — Après que le caillé a été suffisamment divisé et passé au moulin, on l'exprime autant que possible avec les mains. On remplit les formes en ayant soin de comprimer fortement la pâte, on la couvre d'un linge et on renverse le fromage dessus ; on lave la forme dans le petit-lait chaud, on l'essuie et on y remet le fromage enveloppé dans son linge, sur lequel on a versé un peu d'eau chaude, ce qui durcit les parois et l'empêche d'éclater, de se fendiller. On porte le moule sous la presse et on opère une pression graduée. On le laisse deux heures, après lesquelles on retire le moule pour changer le linge ; on le replace sous la presse, où il reste 12 à 24 heures.

Lorsque le linge reste sec au sortir de la presse, c'est un indice que le fromage ne contient plus de petit-lait.

Salaison des fromages. — Nous avons vu qu'en Angleterre on sale quelquefois le caillé. Si on sale les fromages, cette opération se fait de deux manières.

Aussitôt que le fromage est sorti de la presse, on le place sur un linge dans la forme et on le plonge ainsi dans une forte saumure où il reste plusieurs jours ; on l'y retourne au moins une fois par jour.

D'après l'autre méthode, on commence la salaison 24 heures après la fabrication, et dans quelques laiteries pendant la pression. On couvre la surface et on frotte les côtés du fromage avec du sel pilé chaque fois qu'on le retourne. On répète cette opération pendant plusieurs jours consécutifs, en ayant soin de changer deux fois de linge pendant ce temps.

Dans l'une et l'autre méthode, les fromages, après avoir été ainsi traités, sont sortis du moule et placés sur la table à saler. Pendant dix jours on les frotte avec du sel fin, une fois par jour, puis on les lave avec de l'eau ou du petit-lait chaud, on les essuie avec un linge sec et on les place sur la planche à fromages pour sécher. Ils y restent une semaine, et pendant ce temps on les retourne deux fois par jour. De là on les porte au magasin.

La quantité de sel employée varie selon la nature des fromages.

Traitement des fromages en magasin. — Le fromage salé et séché a besoin d'un temps plus ou moins long, suivant l'espèce, pour arriver au point où il a acquis toute sa perfection. Cette maturité, il l'acquiert dans le magasin. Là les fromages sont placés sur des tablettes, et pendant les dix ou quinze premiers jours, on les frotte vivement une fois par jour avec un linge et on les enduit de beurre ou d'huile pour les empêcher de se dessécher et de se gercer.

Durant tout le temps de leur séjour au magasin, on les visite journellement, on les retourne de temps en temps et on les frotte avec un linge sec, ordinairement trois fois par semaine en été et deux fois par semaine en hiver, toutes les fois qu'il se forme un léger duvet à la surface.

Ces principes généraux s'appliquent plus particulièrement à la fabrication des fromages non cuits. Dans les fromages cuits, la seule différence est dans la coagulation du lait à une température plus élevée et une cuisson particulière du caillé. Avec de bon lait, une bonne méthode, des soins intelligents et un peu d'habitude, on peut partout fabriquer de bon fromage, et cependant de légères variations dans la manipulation peuvent faire varier d'une manière plus ou moins grande les qualités et le goût des fromages, comme leur forme varie dans les divers endroits où on les fabrique.

Emploi de l'ammoniaque. — M. Trommer, que j'ai déjà eu l'occasion de citer plusieurs fois dans le cours de cet ouvrage, conseille d'employer l'ammoniaque pour enlever au fromage le goût désagréable qu'il contracte quelquefois en vieillissant. Voici comment il s'exprime à cet égard :

« Le fromage, en pourrissant, subit une altération qui le rend moins agréable et moins sain. On
évite cet inconvénient si on le prépare au moyen
de l'ammoniaque. Pour cela, le fromage blanc
frais est pressé de manière à en extraire tout le petit-lait qu'il contient. Ensuite on le sale et on y
ajoute du cumin ou toute autre substance aroma-
tique ; puis on y mêle, en le pétrissant parfaitement,
une quantité suffisante d'ammoniaque pour enlever
la plus grande partie de l'acide qu'il contient.

« Au moyen du papier de tournesol, on s'assure
qu'on a employé une quantité suffisante d'ammoniaque.

« Après avoir ainsi pétri le fromage, on lui donne
dans un moule la forme qu'on veut lui donner, et on
le laisse quelque temps exposé à un courant d'air
pour le sécher extérieurement.

« Il est alors fini et peut être livré à la consommation.

« L'effet de l'ammoniaque, qu'on verse successivement et en petite quantité, est surprenant. A mesure qu'on travaille le fromage, il change d'aspect,
prend l'apparence d'une masse butyreuse, et a
toutes les qualités qu'on peut attendre d'un fromage
passé, d'une digestion bien plus facile que le fromage frais.

« Si l'on a obtenu la crème au moyen de la soude et qu'on veuille de suite convertir en fromage le liquide qui reste sous la crème, on le fait coaguler au moyen d'un acide. On peut employer la présure ou le vinaigre. L'acide hydrochlorique n'est pas à indiquer ; si on l'emploie en léger excès, il attaque les dents, dont il détruit principalement l'émail.

« Le procédé que nous recommandons consiste seulement à enlever au fromage blanc maigre son acide. On peut ensuite ajouter au fromage de la crème ou du beurre en telle quantité qu'on veut. »

CHAPITRE IV

DES DIVERSES ESPÈCES DE FROMAGES.

J'ai donné, dans les chapitres qui précèdent, des indications générales sur la fabrication des fromages. Je vais décrire maintenant, le plus brièvement possible, la manière dont se fabriquent les produits les plus renommés du continent, en ayant recours fréquemment à l'excellent travail de M. Masson-Four (*Maison rustique du XIX siècle*).

§ I. — Fromages frais.

Quoique je m'occupe particulièrement des fromages salés, je mentionnerai cependant ceux qui se consomment frais. Ceux-ci se font avec le lait écrémé, avec le lait non écrémé, ou bien encore avec du lait auquel on ajoute de la crème de la traite précédente ; on nomme ces derniers fromages à la crème.

Fromage à la pie. — Le fromage blanc, fromage à la pie, que l'on fait avec le lait écrémé, est connu partout et sa préparation consiste uniquement à faire égoutter le caillé. On emploie généralement pour le préparer dans les campagnes des formes en bois que l'on pose sur une petite claie ronde en osier. Les formes en fer-blanc, percées de très-petits trous dans leurs parois et dans leur fond, sont préférables comme plus simples et beaucoup plus faciles à tenir propres.

Fromage frais à la présure. — Avec le lait non écrémé, récemment trait, on fait une autre sorte de fromage, très-agréable pendant l'été et qui n'est pas aussi connu.

On verse le lait dans une jatte, dans laquelle il doit être servi sur la table, on place cette jatte sur le fourneau de la cuisine ou sur des cendres chaudes, ou dans un autre vase contenant de l'eau chaude, pour donner au lait la température convenable à sa prompte coagulation ; on y verse en le remuant quelques gouttes de présure, puis, dès qu'il est coagulé, on le met dans un endroit frais, pour qu'il soit frais au moment de le servir. On hâte le refroidissement en plaçant la jatte dans un autre vase qui contient de l'eau froide.

Fromage à la crème. — Pour préparer le fromage à la crème, on met environ deux cuillerées de présure dans huit à dix litres de lait chaud, auquel on a ajouté de la crème fine, levée sur le lait du matin. Trois quarts d'heure après, le caillé est formé, on le dépose sans le rompre dans un moule garni d'une toile claire et percé de trous. On le couvre d'une rondelle en bois, sur laquelle on place un poids léger pour le comprimer. A mesure que le fromage égoutte, on le retourne avec précaution et on le change de linge toutes les heures. Lorsqu'on peut le manier sans risque de le casser ou de le déformer, on le sort du linge et on le dépose sur un lit de feuilles ou de paille. Les meilleures feuilles sont celles de frêne. Ce fromage se conserve frais pendant huit à quinze jours. Quelquefois on lui donne un demi-sel, et il se conserve plus longtemps.

§ II. — Fromage de Neufchâtel.

Les fromages que l'on vend à Paris sous le nom de fromages de Neufchâtel sont formés en petits cylindres d'une longueur de sept centimètres sur quatre centimètres de diamètre. Chaque fromage est enveloppé dans du papier joseph, qu'on mouille pour le tenir frais.

M. Briaune, reproduisant en le complétant un bon travail de M. Desjobert, a publié dans le *Journal d'Agriculture pratique*[1] une description intéressante de la fabrication de ces fromages. Je ne saurais mieux faire que d'en reproduire les principaux passages :

« Il y a plusieurs espèces de fromages de Neufchâtel : le fromage à la crème, pour lequel on ajoute de la crème au lait doux, environ moitié de ce que contient le lait à mettre en présure ; le fromage *à tout bien*, fait avec le lait naturel, sans ajouter ni ôter la crème ; le fromage maigre, fait avec du lait écrémé.

« Le fromage *à tout bien* étant celui de la plus grande consommation, et la fabrication des autres espèces en différant peu, c'est le fromage de ce genre qu'on prendra pour type de fabrication.

« Pour plus de clarté, on va suivre le lait trait le lundi.

« **Mise en présure.** — Après chaque traite de

---

[1] Année 1841, tome IV, page 423.

la journée, on transporte le lait dans la pièce où se font les fromages, dite pièce de *l'apprêt*; on coule tout chaud, à travers la passoire, dans des cruches; on le met en présure (il faut, en moyenne, 40 grammes de présure pour 100 litres de lait), on place les cruches dans des caisses que l'on recouvre de couvertures de laine.

« **Séparation du petit-lait.** — Le mercredi matin on vide ces cruches dans des paniers de bois placés sur les éviers, et revêtus en dedans d'une toile claire et très-propre attachée sur les coins aux paniers; le fromage égoutte ainsi jusqu'au mercredi au soir; alors on le retire des paniers, le laissant dans la toile que l'on reploie, et ainsi enveloppé on le met sous la presse et on le laisse jusqu'au lendemain matin jeudi.

« On met alors cette pâte dans un linge blanc, on la pétrit comme de la pâte à pâtisserie et on la frotte dans ce linge dans tous les sens, jusqu'à ce que les parties caséeuses et butyreuses soient parfaitement mêlées et que la pâte soit bien homogène et moelleuse comme du beurre; si elle est trop molle, on la change encore de linge; si elle est trop ferme, si elle casse, il y a eu trop de présure, et l'on y ajoute un peu de la pâte du jour qui égoutte.

« **Moulage des fromages**. — Pour le moulage, on fait des pâtons un peu plus forts que le moule on place ce pâton dans le moule, en ayant soin qu'il dépasse des deux bouts. Tenant alors le moule de la main gauche, on met le pâton de la main droite ; on pose le moule sur la table, et appuyant dessus la paume de la main gauche, l'on fait sortir par-dessus et par-dessous l'excédant de ce que le moule peut contenir : par ce moyen il ne se trouve pas de vide dans le moule.

« Dans le même temps on a pris avec la main droite un couteau, autant que possible en bois, avec lequel on racle le dessus et le dessous du moule. On fait sortir le pâton en ayant le moule dans la main droite, en frappant légèrement et en le tournant dans la main gauche. A cet état, le fromage pèse de 120 à 130 grammes, et est le résultat de 75 centilitres de lait.

« **Salaison**. — Le fromage étant moulé, on le sale avec du sel très-fin et très-sec. Pour ce, on saupoudre les deux bouts, et le sel qui est dans les mains est suffisant pour saler le tour, ce qui se fait en le roulant. Il faut environ un demi-kilogramme de sel pour cent fromages. A mesure qu'ils sont salés on les met sur une planche, que l'on dépose ensuite sur les éviers.

« Traitement des fromages en magasin. — On les laisse ensuite s'égoutter pendant vingt-quatre heures, et le lendemain, vendredi, on porte la planche sur les claies, couvertes d'un lit de paille fraîche. On les couche par rangs égaux, en travers du sens de la paille, sans les laisser se toucher...

« Deux jours après avoir couché les fromages blancs sur la paille des claies, on les retourne; et comme il reste entre eux un intervalle à peu près égal à leur diamètre, chaque fromage, par un demi-tour donné avec le doigt, se retrouve sur une paille sèche. En commençant par l'extrémité gauche de la claie, on avance vers la droite, et faite ainsi, l'opération est exacte et rapide.

« Trois jours après, on relève tous les fromages et on les met sur le bout, et comme on a laissé quelque distance entre les rangs, ils se trouvent encore sur une paille sèche. Cette opération, qui se fait en prenant le fromage à la main, est trois fois plus longue que la première.

« Lorsqu'ils sont restés cinq jours sur un bout, on les prend et on les retourne sur l'autre. Les fromages sont alors un peu séchés et leur peau est formée.

« On les laisse alors encore cinq jours dans le premier *apprêt*, et s'ils ont pris un velouté bleu, on les transporte dans un *apprêt* frais, mais sans humidité. S'ils n'ont pas pris une teinte bleue, on les retourne debout et on remet le transport à un autre jour.

« Lorsqu'on a passé les fromages dans la seconde partie de l'apprêt, on les change deux fois de bout, de cinq en cinq jours; c'est alors que paraissent des boutons rouges. Si les boutons sont secs et rares, il n'y a pas assez de fraîcheur dans l'apprêt; si les boutons sont mous et coulants, il y a trop d'humidité. Quelquefois les boutons apparaissent sur un casier et mal sur l'autre, suivant que les fromages ont été moulés trop secs ou trop mous, qu'ils ont eu trop ou pas assez de fraîcheur dans le premier apprêt, que la robe bleue s'est plus ou moins bien formée, qu'ils ont été négligés dans le changement de côté et de bout. On remédie en partie à ces premières causes de mal en retournant plus souvent les fromages, en augmentant ou en diminuant l'état atmosphérique du second apprêt, et surtout, comme fait M. Desjobert, en conduisant au besoin des courants d'air sur chaque casier.

« Si les boutons apparaissent à l'état normal sur toute la périphérie du fromage, c'est signe que le raffinage s'opère d'une manière égale dans toutes les parties; s'ils ne sortent que vers un bout, il faut les retourner sur l'autre bout et les laisser ainsi jusqu'à ce que l'égalité soit rétablie. Quand tous les signes se manifestent bien, on ne change plus les fromages de bout que tous les dix jours, pendant un mois, et puis ensuite de quinze jours en quinze jours, pendant la dernière période du trimestre.

« Au bout de trois mois les fromages sont entièrement raffinés, et il n'est pas prudent de les garder plus longtemps, parce qu'ils finissent par couler, surtout si le lieu où ils se trouvent est en même temps chaud et humide, ou vicié par la fermentation d'une grande quantité de fromages...

« Le fromage de Neufchâtel, soit blanc, bleu ou raffiné, doit avoir une pâte homogène, onctueuse et sans grumeaux; à l'état blanc, il ne doit pas présenter de veines de crème, telles qu'on en trouve dans les fromages blancs que l'on vend à Paris pour du neufchâtel; à l'état de velouté bleu, la robe ne doit pas être molle et coulante; à l'état raffiné, le milieu ne doit pas contenir de grumeaux blancs et secs, ni le contour une espèce de couenne, comme on le remarque dans les bondons imitant le neufchâtel. Il ne faut pas non plus que la pâte soit dure et élastique comme les fromages de Marolles, ou coulante comme celui de Brie. Le neuf-châtel doit se maintenir dans sa forme, se couper et s'étendre comme du beurre. Celui fait à la crème a la pâte un peu brune, celui à *tout bien* a la pâte d'un jaune brun, le fromage maigre est d'un jaune blanc et présente bien rarement le vrai caractère raffiné. »

§ III. — Fromage de Brie.

Il s'en fait à Paris une grande consommation, et il y a de grandes différences dans la qualité. Il est très-bon lorsqu'il est fait avec tous les soins convenables, mais on en rencontre peu de par-faits.

J'ai entendu dire à des fermiers de la Brie qu'il est parfois très-difficile de trouver dans une ferme un local favorable, et que souvent celui qu'on avait cru bon ne convient pas.

J'ai conclu de là que la science, en détermi-nant les conditions de température et autres pour la fabrication des fromages de Brie, pourrait ren-dre de grands services à la pratique purement em-pirique. Il y a sans doute une habitude que donne l'expérience jointe à l'esprit d'observation, mais à l'aide du thermomètre, de l'hygromètre, on pourrait poser des règles certaines pour tous les travaux de la laiterie.

Les meilleurs fromages de Brie se font en automne. Ceux des autres saisons se mangent à mi-sel et non passés.

On fait les fromages de Brie avec du lait non écrémé, ce sont les fromages gras; quelquefois on y ajoute la crème douce de la traite précédente; mais les fromages ainsi fabriqués ne se trouvent guère aujourd'hui dans le commerce.

Les fromages de Brie maigres sont produits avec le lait écrémé; la plus grande partie de ces derniers est consommée sur place. Les procédés de fabrication étant les mêmes dans les deux cas, nous nous occuperons seulement des premiers, et nous emprunterons à un excellent travail de M. Teyssier des Farges quelques-uns des renseignements contenus dans ce paragraphe.

Mise en présure. — Le lait encore chaud de la traite du matin est versé avec précaution dans un baquet. Pour le faire coaguler, on emploie une cuillerée de présure pour 12 litres de lait. Après l'addition de la présure, on couvre le lait et on laisse en repos une heure environ.

Séparation du petit-lait, moulage et salaison. — « Lorsque le caillé est formé, on en remplit des

moules placés sur une clayette (nommée cagereau
dans la Brie), en évitant autant que possible de le
diviser, et on laisse les formes dans cet état jusqu'à ce que le caillé soit bien égoutté, c'est-à-dire
pendant vingt-quatre heures. On retourne alors
les fromages et on les sale d'un côté; le lendemain, on les retourne de nouveau et on les sale
de l'autre côté, puis on les place sur des tablettes
à claire-voie, et on les retourne tous les jours, en
surveillant bien comment ils se comportent, de
manière qu'ils ne soient ni trop durs, ni trop
mous, ne manquant pas de les mettre dans un
lieu plus sec et plus aéré s'ils sont trop mous, et
dans un lieu plus frais et moins aéré s'ils sont trop
durs. C'est ce qui donne lieu à beaucoup de main-
d'œuvre, car, autrement, quand on en a l'habitude, rien n'est plus simple que cette fabrication,
ne demande moins d'ustensiles et d'un prix plus
modique.

« Au bout de quinze jours, ou trois semaines au
plus, suivant l'état de l'atmosphère et sans autre
manipulation, les fromages sont livrés au commerce. »

Affinage des fromages. — Pour les affiner, les
fromages sont placés dans un endroit frais, sur
un lit de menue paille ou de balles d'avoine d'en-

viron dix centimètres d'épaisseur. On les couvre d'un lit de la même paille, de la même épaisseur, et on continue ainsi par couches alternatives de fromage et de paille.

En peu de mois les fromages placés dans ces conditions se ressuient, leur pâte s'affine, et comme ils contiennent une grande quantité de crème, ils deviennent bientôt très-délicats.

Traités ainsi, et si on les laisse trop longtemps dans les balles d'avoine, les fromages finissent par couler. C'est le signe d'un commencement de fermentation qui amènerait la décomposition. La pâte alors se gonfle, fait crever la croûte et s'écoule sous forme de bouillie épaisse, d'abord onctueuse, douce et savoureuse, mais qui ne tarde pas à prendre un goût piquant, à mesure que la putréfaction fait des progrès. Il y a un moment précis qu'il faut saisir pour les manger à leur point de perfection.

Fromage de Meaux. — A Meaux, à mesure que la pâte des fromages s'écoule, on la ramasse soigneusement sur des planches tenues très-proprement, et on la renferme dans des petits pots. Cette pâte en pots se vend sous le nom de fromage de Meaux.

« La statistique officielle des fromages vendus

sur les marchés dans l'arrondissement de Meaux
donne les chiffres suivants :

	Par an.
Meaux.	4,420,000
Dammartin..	67,500
Crécy.	1,500,000
Claye.	520,000
Lagny.	208,000
La Ferté-sous-Jouarre.	52.000
Total	6,567,000

« Si l'on ajoute les marchés des arrondissements
de Coulommiers, de Provins et de Melun, ainsi que
la consommation locale, on ne peut pas fixer à
moins de douze millions de francs la production
fromagère de Seine-et-Marne.

« Cette production comprend principalement les
fromages gras ; puis viennent, pour une valeur
moins importante, les fromages maigres. »

§ IV. — Fromage d'Auvergne.

La fabrication du fromage d'Auvergne (*fourme*)
a été très-bien décrite dans un bon article de
M. Duffourc, publié par le *Journal d'agriculture pratique* [1]. Nous lui empruntons la majeure partie des
détails contenus dans ce paragraphe.

[1] T. II, de 1859, p. 185.

Traite du lait et mise en présure. — En Auvergne, les vaches sont traites deux fois par jour avec une grande régularité. Le lait est transporté à la fromagerie, dans des *gerles* dont nous avons donné la description plus haut (p. 116); on le passe à travers des tamis de crin, et on le met immédiatement en présure.

Cette opération est regardée comme très-importante par le *vacher*, qui a la haute main sur la direction de la vacherie et la fabrication des fromages.

Séparation du petit-lait. — Il faut également une grande habitude pour apprécier le degré de consistance que doit prendre le caillé avant de le rompre. Selon M. Duffourc, le caillé n'est pas assez ferme lorsqu'une portion de celui-ci, placée dans un vase, présente l'aspect d'une espèce de bouillie sans consistance; il faut que le caillé soit miroitant et dur, semblable à la confiture de groseille bien faite.

On a, au contraire, dépassé le point de perfection, lorsque le petit-lait se sépare de lui-même sans opération préalable.

Généralement, il ne faut pas plus de cinq quarts d'heure, en été, pour que le caillé ait atteint le point voulu. Le vacher prend alors une spatule (grav. 45, p. 229) et le rompt dans tous les sens pour séparer le petit-lait.

A Salers, où l'on fait les meilleurs fromages, on agite le caillé avec force; à Aurillac, cette opération se fait lentement et avec une grande légèreté. Dans le premier cas, on obtient, parait-il, un fromage d'une qualité supérieure, mais en moins grande quantité; dans le second cas, c'est surtout à la quantité que l'on vise. Ce n'est pas à la manipulation seule qu'il faut attribuer la supériorité des fromages de Salers, mais elle contribue, sans doute, dans une certaine mesure, à augmenter la valeur des produits de cette contrée.

Lorsque le petit-lait est séparé et devenu complétement clair, c'est-à-dire au bout d'une heure, on le décante au moyen d'un instrument composé d'un vase cylindrique en bois, portant un manche fixé au milieu du fond. Il faut procéder avec précaution, de manière à ne pas troubler le liquide. Ce petit-lait est consommé dans le ménage, ou bien on le recueille dans des baquets, on le laisse reposer jusqu'à ce que le peu de crème qu'il contient encore soit montée à la surface. Cette crème sert à faire de mauvais beurre, connu sous le nom de beurre de montagne, et qui est consommé dans les ménages pauvres.

Le liquide ainsi épuisé est généralement donné aux porcs. Cependant on parvient quelquefois, par la cuisson, à en retirer un fromage maigre, ou plutôt un maigre fromage, que mangent les pauvres gens.

Une vacherie ordinaire de l'Auvergne, composée de 40 vaches, fournit environ, par année, 250 à 300 kilogrammes de beurre de montagne.

Moulage de la tôme. — La pâte qui reste après la décantation du petit-lait est mise dans une auge percée de trous que l'on place sur la table à fromage.

Le vacher, les bras nus et le pantalon retroussé jusqu'au-dessus du genou, monte sur la table et comprime cette pâte avec ses bras et ses jambes, de manière à en faire sortir le reste du petit-lait (grav. 54).

Cette opération ne dure pas moins d'une heure et demie; à tort ou à raison, on est convaincu, dans le pays, que la chaleur des membres intervient pour donner la qualité au fromage, et l'on dit du vacher qui cherche à abréger ce travail fatigant : « C'est un mauvais ouvrier, il ne fait pas travailler assez les genoux. »

La pâte bien pétrie porte le nom de *tôme*. On la met dans une grande gerle, et on la laisse fer-

menter pendant 48 heures, en la plaçant, au besoin,
auprès du feu, si le temps est froid.

Grav. 54.
Fabrication du fromage dans la haute Auvergne.

Salaison et mise sous presse. — Sous l'influence de la fermentation, la tôme devient spon-
gieuse; on l'émiette avec soin, on la sale et on la

place dans un moule M reposant sur une auge N
(grav. 55).

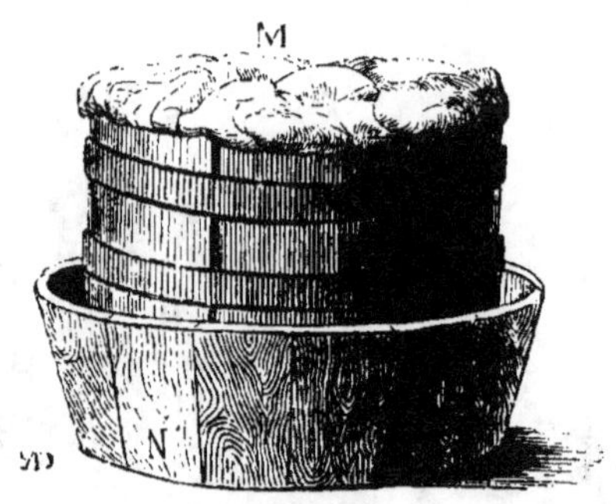

Grav. 55.
Fromage dans son moule et dans l'écuelle.

La quantité de sel employée varie beaucoup,
selon la saison et aussi selon les exigences des marchands qui achètent les fromages. On emploie à peu
près 1 kil. de sel par 35 kil. de pâte quand on
veut faire des fromages doux; on met jusqu'à 2 kil.
de sel dans la même proportion de pâte pour obtenir
les fromages salés.

Quand la tôme a été salée et émiettée, on la met
sous presse. Pour cela, le moule CD (grav. 56),
placé dans l'auge AB, est couvert d'un linge mouillé;
un couvercle H recouvre le tout, et la tôme, ainsi
disposée, est soumise à l'action de la presse. Le
fromage est retourné plusieurs fois pendant l'opé-

ration, qui doit durer 24 heures; au bout de ce temps, il peut être mis à la cave.

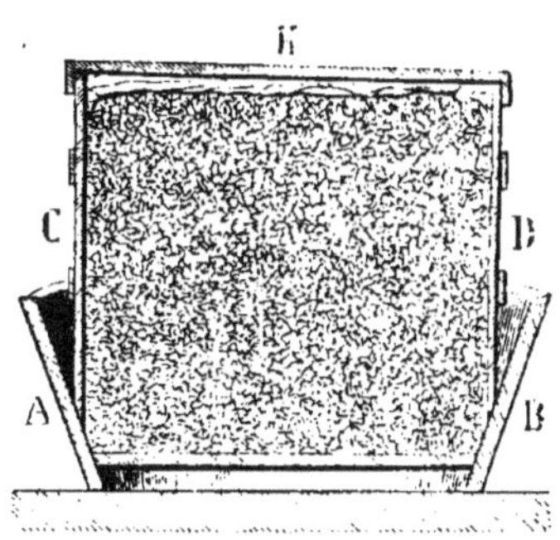

Grav. 56.
Coupe d'un fromage dans son moule avant la mise sous presse.

Traitement des fromages en magasin. — Les fromages doivent être surveillés attentivement au magasin. Pendant l'été surtout, il faut les frotter avec un linge blanc trempé dans l'eau fraîche; ils prennent alors une couleur rousse qui dénote une bonne fabrication et des soins bien entendus.

« Le poids des fromages du Cantal, de la *fourme*, dit M. Duffourc, est de 35 à 50 kilogr. Les *estivales* les plus recherchées sont celles qui proviennent des grandes vacheries. La cause de cette préférence est due à cette particularité que les pièces entières s'obtiennent le plus souvent du lait d'une seule traite; on comprend combien cette préférence est fondée. Par contre, on fait peu de cas de celles qui se trouvent dans des conditions opposées.

« On divise les fromages de *fourme* en fromages gras et en fromages mûrs. Les gras sont ceux qu'on fait au printemps jusqu'à l'époque de la montée[1]. Ils sont livrés aux marchands peu après leur fabrication, tout frais pour ainsi dire, car les premières pièces ont tout au plus deux mois au moment de la livraison. Leur prix est très-variable. Les fromages mûrs, qui datent de la fin de mai, et qu'on appelle l'*estivale*, sont pesés vers la Toussaint, à l'époque où les propriétaires font leurs prix avec les marchands de fromages. Un relevé d'un demi-siècle a donné au chef-lieu du département, avant 1840, un moyen prix de 41 fr. les 50 kil. »

On fait également, dans le Cantal, vers le mois de juin ou de juillet, des fromages du poids de 5 à 6 kil., improprement nommés fromages de Roquefort. Ils sont justement estimés, et cette fabrication mérite de s'étendre davantage.

En Auvergne, on conserve les fromages dans des caves qui doivent être complétement sous terre, et

---

[1] On sait que les vaches en Auvergne ne restent à l'étable que pendant l'hiver. Au printemps elles montent à la montagne où elles séjournent pendant tout l'été et on ne les ramène à l'étable qu'à l'approche des grands froids.

n'avoir pour seule ouverture que la porte tournée vers le nord.

M. Duffourc estime que les vacheries de l'Auvergne produisent annuellement 150 kilogr. de fromage, par tête, en moyenne (quelques vaches, mais c'est l'exception, en donnent jusqu'à 250 kilogr.). Ces 150 kil. de fromage sont extraits de 1,550 litres de lait environ. — 100 kil. de fromages secs correspondent à une production de 41 lit. de lait.

§ V. — Fromage de Gruyère.

Le fromage de *Gruyère*[1] est d'origine suisse, mais on en fabrique de bon dans les Vosges, le Jura et l'Ain, et aussi dans beaucoup d'autres endroits où l'on n'a pas les pâturages des Alpes.

On fabrique trois espèces de fromages de Gruyère : le *fromage gras*, dans lequel on laisse toute la crème; le *mi-gras*, qui se fait avec la traite du matin et celle de la veille, écrémée; le *maigre*, qui se fabrique avec le lait écrémé.

La seconde espèce, *mi-gras*, est celle que l'on trouve le plus fréquemment dans le commerce;

[1] Gruyère, *Griers* ou *Greiers*, en allemand, est un village suisse du canton de Fribourg, à 25 kilomètres de Fribourg.

elle entre dans les approvisionnements de la marine et des armées.

Celui qui, dans la Suisse française, fabrique les fromages, se nomme le fruitier. Il doit connaître exactement la force de la présure qu'il emploie, et l'habitude lui apprend quelle quantité il doit en employer, suivant la saison et la nature du lait plus ou moins gras.

Cuisson et mise en présure. — Immédiatement après la traite du matin, on met le lait de cette traite dans une chaudière, et on y ajoute le lait de la traite du soir précédent, écrémé en tout ou en partie. Le fruitier goûte le lait de toutes les terrines, et s'il en trouve qui commence à s'aigrir, il n'en fait pas usage.

La chaudière est suspendue au bras horizontal d'une potence dont l'arbre vertical tourne sur un pivot, de manière qu'avec une grande facilité on peut la mettre au-dessus du feu, ou l'en éloigner. Cette disposition se rencontrait autrefois fréquemment dans les cuisines des cultivateurs, dans les pays où le bois était abondant, et elle était très-commode, en ce sens qu'une femme pouvait manœuvrer sans peine une lourde chaudière qui, autrement, eût exigé un grand emploi de forces. Aujourd'hui, le prix plus élevé du bois et l'emploi de la houille ont amené dans les villages des constructions de foyers beaucoup plus économiques, mais certainement moins commodes que celle-là.

Aussitôt que le lait est dans la chaudière, on place celle-ci, en faisant tourner la potence, sur un feu modéré, pour élever la température du lait jusqu'à 25° cent. Quand il y est arrivé, on l'éloigne du feu et on ajoute la présure, qu'on mêle en agitant le lait en tous sens; on laisse ensuite reposer le mélange loin du foyer. Quinze à vingt minutes, suivant la saison, suffisent pour cailler le lait.

Séparation du petit-lait. — Quand la coagulation est complète, que le petit-lait est bien séparé du caillé, on enlève à la surface du liquide la pellicule qui le recouvre.

Après cette opération, on brise avec soin le caillé en le coupant dans tous les sens avec une grosse cuiller ou avec un couteau de bois, et quand il est réduit en morceaux gros comme des pois, on prend le brassoir pour achever la division et le réduire en pulpe.

Pour cela, on plonge l'instrument dans le caillé jusqu'au fond de la chaudière, et en le tournant tantôt en rond, tantôt en ovale, on imprime à toute la masse un mouvement de tourbillon irrégulier. Tout en brassant, on replace la chaudière sur le foyer, et sans cesser un instant de brasser, on conduit le feu de manière que le liquide arrive en 20 ou 25 minutes à 35° cent., alors on retire la chaudière du feu et on continue de brasser pendant environ un quart d'heure.

L'opération est achevée quand le caillé est réduit en grains d'un blanc jaune qui, lorsqu'on les presse dans la main, se collent et forment une pâte élastique qui craque sous la dent lorsqu'on la mâche.

Moulage des fromages et mise sous presse. — Quelques minutes après qu'on a cessé de brasser, le fromage se dépose au fond de la chaudière sous forme d'un gâteau d'une consistance assez ferme. Pour concentrer cette masse et lui donner la forme d'un pain relevé, le fruitier passe sa main tout autour du gâteau, repoussant le bord vers le milieu; ensuite il prend une toile, roule en deux ou trois tours un de ses bords sur une baguette flexible, et passe cette baguette sous le pain en faisant tenir par un aide, de l'autre côté de la chaudière, l'extrémité opposée de la toile.

Quand la toile est bien arrangée sous le pain, le fruitier, par un coup de main adroit, fait tourner cette masse de manière que la surface qui était au fond se trouve dessus; après cela, tirant la toile par les quatre coins, il sort le fromage du petit-lait, le laisse égoutter quelque temps au-dessus de la chaudière et le place dans le moule enveloppé de sa toile.

Sans perdre un instant, il repasse une seconde toile dans la chaudière pour recueillir les particules de fromage qui se sont détachées de la masse ; il réunit ces débris dans le fond de la toile et en fait une pelote qu'il fait entrer dans le centre de la masse. Il replie les bouts de la toile sur le fromage, le charge d'une planche et le place sous sa presse.

Le fromage ne doit pas dépasser le cercle supérieur du moule de plus de 5 centimètres.

Le moule n'est autre chose qu'un cercle en bois de sapin ou de hêtre qui a 14 à 16 cent. de hauteur, 10 millim. d'épaisseur et 1^m,85 de longueur. Une extrémité rentre sous l'autre d'environ un sixième de la circonférence, de sorte qu'on peut l'élargir ou le rétrécir à volonté. Au moyen d'une corde, on le fixe au point convenable selon le diamètre que l'on veut donner au fromage.

Après que le fromage a été une demi-heure sous la presse, on soulève le poids, on ôte le plateau et le cercle, on retourne le fromage, on le place enveloppé d'une toile propre dans le moule qu'on a rétréci un peu, et on le remet sous la presse.

Alors il ne dépasse plus le moule que de 7 millim. Dans les six premières heures, on a soin de resserrer successivement le moule, et on soumet le fromage à une pression assez forte pour le débarrasser de tout son petit-lait.

Cette opération est la base de la fabrication suisse, dont le but est d'obtenir un fromage compacte, d'une pâte rousse, grasse et qui se perce de grands trous. Si cette manœuvre est faite avec négligence, on a un fromage blanc et à petits trous.

Les procédés que je viens de décrire sont ceux que l'on emploie pour la fabrication des fromages maigres ou mi-gras.

Pour obtenir des fromages gras, on verse le lait dans la chaudière immédiatement après la traite. On enlève la crème de la traite précédente pour la mêler très-également au lait nouveau, et à cet effet on la fait couler en un petit filet dans la chaudière. On agite en ajoutant la présure, dont la dose doit être un peu plus forte que pour les fromages mi-gras. En 10 minutes on fait arriver le lait à 36° centig. Puis, après avoir retiré la chaudière du feu, on brasse pendant une demi-heure. On presse ensuite le caillé avec le plus grand soin; le fromage gras cède moins à la compression que les deux autres.

Il faut à peu près 190 ou 200 litres de lait pour faire un fromage mi-gras de 25 kilogrammes.

Salaison. — Au sortir de la presse, les fromages sont portés au magasin; on les dépose sur des tablettes et on les sale.

La salaison des fromages dure 60 ou 80 jours. Toutes les 24 heures on les saupoudre dans tous les sens de sel bien pilé. Quand on a employé environ 1 kil. de sel pour 25 kil. de pâte, on juge que l'opération est terminée, et on le reconnaît d'ailleurs facilement, parce que la croûte du fromage présente des gouttelettes salées qui ne sont plus absorbées par la masse.

Traitement des fromages en magasin. — On peut alors considérer la fabrication comme terminée. Il faut cependant avoir soin de frotter les fromages deux ou trois fois par semaine, avec un linge trempé dans de l'eau fraîche, ou mieux encore dans de la saumure ou du vin blanc.

Les bons fromages de Gruyère restent en magasin 18 mois ou 2 ans avant d'être livrés à la consommation. Pendant tout ce temps, on doit les retourner et les frotter chaque semaine. Une croûte bien formée et des cavités intérieures assez grandes, mais peu nombreuses, sont les indices d'une bonne fabrication.

§ VI. — Fromage des Vosges (Gérardmer ou Géromé).

On fabrique dans les Vosges un fromage estimé que l'on vend sous le nom de fromage de Gérardmer ou de Géromé; je donnerai sur cette fabrication des détails précis, parce que je la connais, attendu qu'elle existe chez moi, et que partout, avec un très-petit local, et sans qu'une grande quantité de lait soit nécessaire, on peut faire de très-bons fromages de cette espèce.

Mise en présure. — Le lait arrivant de l'étable, immédiatement après qu'il est trait; et par conséquent encore chaud, est transvasé dans le baquet où il doit être mis en présure. On y verse immédiatement la présure dans la proportion d'environ une cuillerée, selon sa force, pour trente litres de lait. On remue avec une grande cuiller à long manche, pour que le mélange se fasse parfaitement, puis on le laisse reposer.

Après dix à quinze minutes, le lait doit être coagulé. Le caillé est alors parfaitement divisé avec une grande cuiller.

Séparation du petit-lait. — On laisse ensuite de nouveau reposer le mélange, puis, avec la même cuiller, et à l'aide d'une écumoire, on enlève le petit-lait qui est séparé du caillé. L'écumoire est en cuivre, de forme ovale, longue de 29 centimètres, large de 17 centimètres, et profonde, au milieu, de 5 centimètres. On la pose sur le caillé, et elle se remplit de petit-lait qu'on enlève à mesure avec la cuiller.

Moulage des fromages. — Lorsqu'on a ainsi séparé le petit-lait le plus exactement possible, on sort le caillé avec l'écumoire, opération qui permet encore d'enlever une partie du petit-lait qui y est resté, et on le met dans des formes en bois, percées de petits trous au fond. Ces formes sont ou rondes ou carrées, et selon leurs dimensions, on fait des fromages de un demi jusqu'à deux kilog.

On a deux sortes de formes, les premières dans lesquelles on met le caillé, sont hautes proportionnellement à leur largeur, parce que le caillé, qui contient encore du petit-lait, occupe plus de place. Une de ces formes, qui a 15 centimètres de largeur, a 30 centimètres de hauteur.

Après que le caillé a passé douze heures dans les moules, on l'en sort avec précaution, et, en le retournant, on le place dans une autre forme du même diamètre, mais moins haute de moitié. Ce caillé est déjà un fromage, et il faut une certaine adresse pour le changer de forme et le retourner sans le casser. Il reste dans la seconde forme pendant six heures, puis on le met encore en le retournant dans une autre forme, et pendant les deux premiers jours on le change encore de forme en le retournant deux fois par jour. Au bout de ce temps, il doit être bon à saler.

Salaison. — Pour le saler, on met du sel fin et sec dans un plat de grandeur suffisante, et chaque fromage étant sorti de son moule, on le fait tourner dans le sel de manière à en imprégner la circonférence. Cela fait, on le replace dans une forme et on sale le dessus. On le laisse ainsi deux jours, puis on le sort de la forme, on le sale encore une fois de la même manière, à sa circonférence, et on le replace dans une autre forme, de manière que la surface déjà salée soit au fond, et on sale l'autre surface qui se trouve au-dessus.

Pour saler un fromage de 1 kilog., on emploie 50 grammes de sel.

Le fromage reste ainsi encore pendant deux jours. On le sort alors définitivement de la forme, et on le pose sur une planche. Là il est chaque jour retourné et essuyé avec un linge humide. Quand le fromage est suffisamment sec, on le porte à la cave, où tous les deux jours on le retourne et on l'essuie.

Traitement des fromages en magasin. — Après quinze jours à deux mois, selon la température et selon qu'on veut les avoir plus ou moins passés, les fromages sont faits et bons à livrer à la consommation.

On reconnaît qu'un fromage est fait, lorsque de dur qu'il était il devient un peu mou et cède sous la pression du doigt.

Dans la cave, comme dans le magasin les fromages sont posés isolément sur des planches. Ces planches doivent être rabotées et parfaitement lisses. Les premières formes dans lesquelles on met le caillé sont placées sur une table légèrement inclinée pour laisser écouler le petit-lait, qui tombe dans un baquet placé sous la table.

Il doit être inutile que j'insiste encore pour la fabrication de ce fromage, comme de tous les autres, sur la nécessité d'une rigoureuse propreté des formes et des planches sur lesquelles on pose les fromages.

Il est bon d'avoir assez de formes pour pouvoir les exposer à l'air et les faire sécher.

Pour faire un kilogramme de fromage il faut huit litres de lait.

En hiver, il faut un peu plus de lait qu'en été. Mieux les vaches sont nourries, plus le lait est gras, plus il produit de fromage, et plus ce fromage est délicat.

On voit que la fabrication de ce fromage est très-simple. On ne fait pas chauffer le lait, on ne se sert pas de presse, les ustensiles sont en très-petit nombre, et peu coûteux. Cette fabrication a en outre l'avantage de convenir pour un petit, comme pour un grand nombre de vaches.

Dans une exploitation qui a une douzaine de vaches, on peut mettre le lait en présure dans la cuisine de la ferme, et un local particulier n'est pas pour cela nécessaire. Une petite chambre sert de séchoir, et il suffit d'y maintenir une température modérée. Pendant l'hiver il peut être nécessaire de la chauffer. Il faut qu'elle ait de l'air; pendant l'été on ouvre les fenêtres, mais toutes les ouvertures, comme celles de la cave, doivent être soigneusement fermées pour les mouches, par des toiles métalliques ou du canevas.

On fait au Rittershof des fromages de un demi à deux kilog., pour satisfaire aux goûts des consommateurs. On a des formes carrées et on en a de rondes. Les dimensions des formes rondes sont de 20 centimètres de largeur et 50 centimètres de hauteur pour les premières formes, dans lesquelles on met le caillé ; 15 centimètres pour les secondes formes, dans lesquelles on met le fromage déjà égoutté.

J'ai dit que la fabrication de ce fromage est très-simple, et chacun en sera convaincu après avoir lu la description que je viens d'en donner. Cependant tous ceux qui se livrent à cette fabrication n'y réussissent pas également bien, et il y a de grandes différences dans les fromages fabriqués par différentes personnes qui, cependant, suivent les mêmes procédés. Il faut des soins, de l'exactitude, de la propreté ; il faut savoir régler la température, enfin, il y a ce que dans tous les métiers on appelle le *tour de main* qui s'acquiert par la pratique et ne s'apprend pas dans un livre.

§ VII. — Fromage de Parmesan.

Le fromage de Parmesan se fabrique dans le Milanais, par des procédés analogues à ceux qu'on emploie pour le fromage de Gruyère, à cette différence près que le lait est chauffé à une température plus élevée et que les fromages ne sont pas soumis à la presse.

Cuisson du lait et mise en présure. — On fait le fromage de Parmesan en mélangeant le lait écrémé de la traite de la veille au soir avec le lait écrémé de la traite du matin. Ce mélange est passé à travers un tamis, puis versé dans une grande chaudière suspendue au bras d'une potence à rotation. La capacité de ces chaudières est quelquefois considérable; on en trouve, dans le Milanais, qui contiennent jusqu'à 5 hectolitres de lait.

On chauffe le lait sur un feu doux, en ayant soin de le brasser continuellement, jusqu'à ce qu'il ait atteint la température de 40". On retire alors la chaudière du feu, en faisant pivoter la potence, et pour empêcher la radiation du foyer, on interpose un écran entre le feu et la chaudière.

Au bout de 10 à 15 minutes, on verse la présure, à la dose de 14 à 16 grammes, pour 100 litres de lait; on agite fortement le mélange, puis on le laisse reposer pendant une heure.

Séparation du petit-lait. — Au bout de ce temps, le caillé est complétement formé. Le fromager le rompt dans tous les sens avec une grande spatule en bois, de manière à en former des morceaux aussi fins que possible; au besoin, il l'émiette avec les mains pour obtenir un plus grand état de division.

On laisse la matière en repos jusqu'à ce que toutes les particules solides soient rassemblées au fond de la chaudière, et on décante les liquides au moyen d'une écuelle.

La matière est alors remise sur le feu et portée à la température de 50° centigrade. On continue de brasser la masse, qui prend bientôt la consistance d'une bouillie épaisse; on y ajoute un peu de safran en poudre pour colorer la pâte (la quantité de safran à employer dépend évidemment du degré de teinte que l'on veut obtenir), et l'on continue de chauffer pendant quelques minutes.

Moulage des fromages. — Cela fait, on retire la chaudière du feu et on enlève, avec des vases en bois, le petit-lait qui a été séparé de la pâte par la cuisson. Le caillé se présente sous forme d'une masse visqueuse très-malléable; on le recueille sur une toile grossière, dont on lie ensemble les quatre coins, et l'on place la pâte, avec la toile, dans un moule. Cette opération doit être exécutée en moins de temps qu'il n'en faut pour la décrire, en raison de l'extrême facilité avec laquelle le caillé tend à se durcir par le refroidissement, lorsqu'il a été porté à une température un peu élevée.

Le fromage se moule dans la forme et abandonne

sur la toile le reste du petit-lait qu'il contient. Il n'est pas nécessaire de le soumettre à la presse; il suffit de placer sur la pâte une pierre assez pesante pour forcer la matière à prendre la forme du moule.

Salaison. — Le fromage reste dans le moule pendant 4 ou 5 jours. Les soins à prendre consistent à le retourner plusieurs fois et à changer le linge lorsqu'il est imbibé de petit-lait. Cela fait, on le porte au magasin, et on le sale extérieurement jusqu'à saturation, pendant un mois ou six semaines. Il faut environ 1 kil. de sel par 100 kil. de pâte.

Traitement des fromages en magasin. — Quand la salaison est terminée, on racle les fromages avec un couteau, et on les enduit d'une couche d'huile d'olive ou de lin épurée; puis on les dépose dans un magasin peu aéré, et dont la température ne dépasse pas 15 à 20° centigrade.

On estime que les fromages doivent rester 6 mois en magasin avant d'être livrés à la consommation, mais ce n'est qu'au bout d'un temps triple et même quadruple qu'ils ont acquis toute leur perfection.

Le parmesan se vend généralement en pains de 50 kilogr. On en trouve cependant qui n'ont que 30 kil., mais, par contre, d'autres pèsent jusqu'à

60 kil. Leur poids dépend, d'ailleurs, de l'importance des vacheries et aussi des exigences des consommateurs.

§ VIII. — Fromage de Hollande.

Le fromage de Hollande comporte trois ou quatre
variétés différentes. Nous dirons quelques mots
seulement des fromages ronds, qu'on trouve le plus
ordinairement en France, et qui sont d'ailleurs les
plus estimés.

Mise en présure et trituration du caillé. — On
fait coaguler le lait non écrémé dans de grands
baquets en bois. Le caillé ainsi obtenu est pétri
avec les mains à plusieurs reprises, dans une
écuelle percée de trous, opération qui lui fait perdre la majeure partie du caséum qu'il renferme,
puis on le met sous presse dans des moules présentant une forme convenable.

Pendant le pressurage à la main, de même que
sous l'action de la presse, le caillé laisse échapper
une certaine quantité de crème. Cette crème est
recueillie avec soin, et on la fait passer par la baratte pour en extraire le beurre.

Moulage et mise sous presse. — La pâte, introduite dans un moule concave et soumise à la presse, est retournée de temps en temps; on la retire, on l'enveloppe d'un linge sec, et on la place dans un moule plus petit, où elle subit un pressurage plus énergique que le premier. Ces deux opérations consécutives suffisent pour éliminer complétement le reste du petit-lait, et pour rapprocher tous les grumeaux, de manière qu'il ne reste plus d'interstices entre eux. On obtient ainsi un fromage compacte, dense, impénétrable à l'air, et partant d'une conservation facile.

Salaison. — Pour saler les fromages, on les fait tremper pendant quelques heures dans de l'eau légèrement saumâtre, et on les retire pour les mettre dans un moule concave dont le fond est percé d'un trou; on jette sur la surface du fromage une petite couche de sel fin, qui ne tarde pas à se dissoudre et à suinter tout autour de la masse. On retourne ensuite les fromages dans le moule, et on répète cette opération, après quoi les fromages sont de nouveau trempés pendant six à huit heures dans l'eau salée. Lorsqu'on les enlève, on les lave avec soin avec du petit-lait, on les racle pour enlever la substance blanchâtre qui s'est formée sur la croûte, et on les porte au magasin.

Le magasin doit être placé dans un endroit frais.

Les fromages sont retournés de temps en temps, et on ne les livre au commerce que quand la croûte présente une teinte jaune, qui est regardée comme l'indice d'une fabrication bien entendue.

§ IX. — Fromages de Livarot et de Camembert.

Fromage de Livarot. — C'est le département du Calvados qui produit le fromage connu sous le nom de fromage de Livarot.

Pour fabriquer ce fromage, on fait chauffer jusqu'à l'ébullition le lait non écrémé de la traite du soir, et on y ajoute le lait écrémé provenant de deux ou trois traites précédentes. On agite le lait avec soin, et on y met la présure quand le mélange est encore chaud.

Au bout d'une heure environ, on rompt le caillé avec une spatule en bois, et on verse la pâte dans des formes en jonc qui laissent égoutter le petit-lait, puis on sale le fromage, et on le retourne de temps en temps, jusqu'à ce qu'il puisse être mis en vente.

Fromage de Camembert. — Le fromage de Camembert se fait dans l'Orne, à peu près de la même manière que le fromage de Livarot. Ces produits jouissent l'un et l'autre d'une grande réputation. Leurs qualités sont dues à la haute valeur des pâturages des pays de production, et aux soins bien entendus dont la laiterie est l'objet dans la Normandie.

Fromage Crinoline. — On vend à Paris depuis quelque temps, sous le nom de *fromages crinolines*, de petits fromages de Camembert, enveloppés de papiers d'étain et placés dans une sorte de cage en osier. Ces fromages sont faits avec du lait non écrémé, auquel on ajoute la crème douce de la traite précédente. Ils ont un goût très-fin, et ils ne valent pas moins de 1 fr. 50 pièce dans le commerce de détail.

§ X. — Fromage de Langres, d'Epoisse et de Marolles

Fromage de Langres. — Le fromage de Langres (Haute-Marne) se prépare avec le lait chaud, tel qu'il se trouve au sortir du pis de la vache. On le porte dans un endroit chaud, de manière qu'il conserve sa température, et on le met immédiatement en présure. Lorsque le caillé est complétement formé, on le place dans des moules, de manière à le laisser égoutter pendant vingt-quatre heures. On renverse alors les moules sur des clayettes en osier, exposées dans un local chaud et bien aéré ; puis on sale les fromages successivement de chaque côté ; on les lave huit jours après avec de l'eau un peu tiède, et on les porte au magasin quand ils ont acquis une teinte jaune pâle.

On conserve les fromages dans des pots en grès ou dans des caisses de sapin. Il faut avoir soin de les visiter tous les huit jours, et de les laver à l'eau tiède lorsqu'ils présentent des moisissures.

Fromage d'Époisse. — Le fromage que l'on fabrique dans la Côte-d'Or, et que l'on trouve dans le commerce sous le nom de fromage d'Époisse, se prépare comme le précédent, en mettant en présure le lait encore chaud immédiatement après la traite. On moule les fromages dans des formes en fer-blanc, que l'on remplit au fur et à mesure que le mélange s'affaisse sur lui-même. Quand la pâte a acquis assez de consistance, on renverse les moules sur des clayettes, où les fromages achèvent de s'égoutter. On peut les consommer frais au bout de vingt-quatre heures.

Si on veut les conserver plus longtemps, il faut avoir soin de les saler, de les placer sur de la paille dans un endroit bien aéré, et de les retourner toutes les semaines, en les frottant avec de l'eau salée, jusqu'à ce qu'ils aient pris une teinte rouge.

On les affine à la cave comme les fromages de Brie, au moment de les livrer à la consommation.

Fromage de Marolles. — On fabrique à Marolles, dans le Nord, trois espèces de fromages : des fromages à la crème, des fromages gras et des fromages maigres ; les premiers proviennent de la coagulation du lait, auquel on a mélangé de la crème douce ; les seconds se font avec du lait ordinaire ; les troisièmes sont obtenus par la coagulation du lait écrémé.

Le lait chaud, qu'il soit additionné de crème, écrémé ou non écrémé, est mis en présure immédiatement après la traite ; on moule les fromages dans des formes carrées, où on les presse un peu avec une planche et quelques pierres. Au sortir du moule, on les dépose sur de la paille, et on les sale. On les retourne de temps en temps, puis on les fait sécher sur des claies.

Pour les affiner, on les place à la cave et on les humecte avec de la bière. Ils répandent alors une odeur très-forte, qui rappelle celle du fromage de Brie dans un état avancé de fermentation.

§ XI. — Fromages de lait de brebis.

Fromage de Montpellier. — Tous les fromages dont j'ai parlé jusqu'à présent se font avec du lait de vache. On fait aussi de très-bon fromage avec du lait de brebis ou de chèvre, ou avec l'un et l'autre mélangés avec du lait de vache.

Avec le lait de brebis, on fait à Montpellier (Hérault) un fromage estimé. La fabrication de ce fromage commence au mois d'avril, quand on commence à sevrer les agneaux.

Le lait de brebis est mis en présure comme le lait de vache. Le caillé, divisé dans tous les sens, est pétri avec soin, puis déposé dans de petites formes rondes de $0^m,15$ de diamètre sur $0^m,03$ de profondeur, dont le fond porte des trous assez fins pour laisser écouler le petit-lait sans donner passage à la crème. Après quelques minutes, le fromage a pris assez de consistance pour être retourné. On le retourne plusieurs fois de suite et on le sale avec du sel fin. Lorsque la pâte est devenue un peu ferme, on retire le fromage du moule et on le place sur de la paille pendant quelque temps, après quoi on le livre au commerce sans aucune autre préparation.

Lorsqu'on veut conserver les fromages de Montpellier, il faut les exposer sur des tablettes dans un endroit bien aéré et avoir soin de les retourner soir et matin, jusqu'à ce qu'ils aient perdu toute leur humidité. Quand ils sont secs, on les dépose dans des boîtes, où ils se conservent pendant très-longtemps. Quelquefois on les frotte avec un peu d'eau-de-vie et d'huile, et on les empile dans des pots de grès bien bouchés, où ils subissent une sorte d'affinage, qui ne doit pas se prolonger plus d'un mois.

Fromage des Abruzzes. — On prépare dans les Abruzzes, avec le lait de brebis, un fromage connu sous le nom de fromage de Scanno, qui jouit d'une grande réputation. Cette fabrication porte annuellement sur 40,000 kilogrammes de fromage d'une valeur de 4 à 5 millions de francs.

Le *Journal d'Agriculture pratique*[1] en a donné une description succincte, d'après un travail publié par le docteur Tanturri, dans *la Revista Agronomica* de Naples :

« Après les premières opérations préalables faites sur le lait de brebis, sans soins ni précautions, pour la séparation de la matière caséeuse, on lave

---

[1] Tome Ier de 1865, p. 51.

fréquemment la pâte à l'eau salée et on la laisse
se ressuyer. Quand on juge que l'humidité dans la
masse a complétement disparu, et que les pàtons
de fromage sont dans de bonnes conditions de goût
et de consistance, on prend chaque morceau qu'on
lave à l'eau chaude, et on les frotte ensuite avec
un linge.

« Ces précautions étant prises, on plonge les
fromages dans une dissolution très-chargée de suie
tamisée et de sulfate de fer dans les proportions de
1 hectogramme de ce dernier pour 40 litres d'eau de
suie. On laisse les fromages vingt-quatre heures
dans cette dissolution, en ayant soin de les retourner de temps à autre, puis on les place sur des
planches de hêtre le long des murs d'une chambre
fraîche et sèche. On les plonge de temps à autre
dans la dissolution, et on les retourne chaque jour.

« Le fromage acquiert alors une couleur d'un
noir intense, et au bout de deux ou trois mois, il
présente une masse compacte, jaune clair, po-
reuse, butyreuse, sous une écorce noire de quelques lignes d'épaisseur. Il a une odeur empyreu-
matique particulière, et il est excellent, surtout
pour manger avec des fruits, comme on est dans
l'habitude de le faire dans presque toute l'Italie. »

§ XII. — Fromage de lait de chèvre.

Fromage du Mont-d'Or. — Avec le lait des chèvres entretenues dans les étables du Mont-d'Or, on fabrique des fromages estimés, de petites dimensions, que l'on expédie par boîtes dans toute la France et même à l'étranger.

Pendant l'été, on trait les chèvres trois fois par jour, le matin, à midi et le soir ; on passe le lait à travers un linge et on le coagule en employant de la présure faite avec des caillettes de chevreau et du petit-lait, auquel on ajoute un peu de sel.

Au bout d'un quart d'heure en été, et d'une demi-heure en hiver, le caillé est formé; on le met dans de petites boîtes rondes dont le fond porte des trous pour l'écoulement du petit-lait. Quand le caillé a pris la forme du moule et qu'il est suffisamment égoutté, on sale les fromages de chaque côté et on les retourne cinq ou six fois par jour.

Après un certain temps, les fromages sont devenus assez fermes ; on les place alors dans des paniers en osier suspendus au plafond au moyen d'une corde passant sur une poulie. Là ils achèvent de se dessécher, et, dix ou quinze jours après, ils peuvent être consommés.

Selon **M.** Boussingault, le lait qu'une chèvre fournit en vingt-quatre heures pendant neuf mois de l'année, donne deux fromages valant 40 centimes dans les chèvreries. On voit que l'industrie fromagère du Mont-d'Or rapporte d'assez beaux bénéfices.

§ XIII. — Fromages de laits mélangés.

Dans quelques pays, notamment à Roquefort (Aveyron), à Sassenage (Isère), au Mont-Cenis (Savoie), on fait des fromages avec des laits mélangés. Le plus estimé de tous est incontestablement celui de Roquefort.

Fromage de Roquefort. — On évalue à 100,000 le nombre de brebis qui vivent sur les plateaux du Larzac, et qui concourent à la fabrication du fromage de Roquefort. On les trait deux fois par jour, et la méthode employée dans le pays contribue, dans une certaine mesure, selon l'opinion de M. Girou de Buzareingues, a donner aux produits de Roquefort les qualités que l'on apprécie tant.

On trait la brebis par la méthode ordinaire jusqu'à ce qu'on n'obtienne plus de lait, puis on frappe les mamelles du revers de la main. Cette opération, répétée plusieurs fois, fait encore sortir une petite quantité de lait beaucoup plus riche en beurre que le premier ; elle a pour effet d'augmenter beaucoup le volume des appareils lactifères, et on a constaté que les brebis n'en souffraient aucunement.

Le lait des deux traites, mélangé avec du lait de chèvre dans une proportion plus ou moins grande, est passé à travers une étamine et versé dans une chaudière en cuivre, où on le fait quelquefois chauffer un peu pour l'empêcher de s'aigrir, puis on y met la présure, on agite la masse et on la laisse reposer jusqu'à ce que le caillé soit formé.

Quand le caillé est formé, on le divise en l'agitant dans tous les sens, et on le pétrit comme de la pâte ; cette opération sépare les matières solides des matières liquides, en sorte qu'il suffit d'incliner la chaudière pour expulser le petit-lait ; la pâte qui reste au fond est introduite dans des moules percés de trous ; on la comprime avec les mains en ajoutant de nouvelle pâte pour bien remplir les formes, puis on place une planche par-dessus et on charge avec des poids.

Au bout de douze heures, pendant lesquelles on a eu soin de retourner plusieurs fois les fromages, afin de faciliter la sortie du petit-lait, on retire les fromages et on les porte au séchoir. Pour éviter qu'ils ne se fendillent, on les entoure d'une sangle de toile. Après quinze à vingt jours d'exposition sur les planches du séchoir, les fromages ont acquis le point voulu de dessiccation ; on peut alors les porter dans les caves.

« Les caves, dit *la Maison rustique du dix-neuvième siècle*, sont adossées contre un rocher calcaire qui entoure le village de Roquefort ; quelques-unes sont même placées dans les crevasses ou grottes qui y sont naturellement ou artificiellement pratiquées ; un simple mur du côté de la rue est souvent tout ce que l'art a dû faire pour clore ces caves. Leur grandeur n'est pas énorme, il en est même de très-petites. On aperçoit dans toutes des fentes dans le rocher, par où s'introduit un courant d'air frais qui détermine le froid glacial qu'on y éprouve et qui fait tout leur mérite, car il n'y a de bonnes caves que celles dans lesquelles ces courants sont établis. Ces courants se dirigent du sud au nord ; il y a un petit nombre de caves qui reçoivent des courants de l'est, mais les meilleurs sont ceux du sud. Plus l'air extérieur est chaud, plus les courants sont froids et forts, et ils sont toujours assez sensibles pour éteindre une bougie qu'on présente à l'ouverture... Chaptal a observé qu'un thermomètre qui marquait à l'ombre et en plein air près de 29° centigrade était descendu à 5° après un quart d'heure d'exposition dans le voisinage d'un courant rapide... Les caves plus ou moins petites sont à plusieurs étages ; elles sont divisées de bas en haut par des planches étagères qui sont destinées à recevoir les fromages. »

On range les fromages dans les caves par piles de cinq, et on les sale en projetant du sel à leur surface ; on les laisse dans cet état pendant trente-six heures, après quoi on les frotte dans tous les sens pour bien les imprégner de sel ; on en forme de nouvelles piles qu'on sale le lendemain pour les frotter le jour suivant. Enfin, une semaine environ après leur entrée en cave, on les racle, et cette raclure, connue sous le nom de *rhubarbe*, se vend 15 à 20 fr. les 100 kil.

Les fromages ainsi raclés sont remis sur les tablettes de la cave par piles de cinq ; au bout de quinze jours, on les range l'un à côté de l'autre, de manière qu'ils n'aient aucun contact, et ils se couvrent alors d'un duvet blanc qu'on racle de nouveau.

Les fromages remis encore sur les tablettes laissent échapper un duvet blanc et bleu qui est raclé comme le précédent. Quinze jours après, ils se recouvrent d'un duvet blanc et rouge; à partir de ce moment, la fabrication du fromage de Roquefort peut être regardée comme terminée, mais il faut cependant avoir bien soin de racler les pains de quinze jours en quinze jours, jusqu'à l'époque de la vente.

Le fromage de Roquefort de bonne qualité doit avoir une pâte douce, fine, légèrement piquante et marbrée de veines bleues. Il subit dans la cave, dans l'espace de quatre mois, un déchet qu'on ne peut pas évaluer à moins d'un cinquième, ce qui réduit beaucoup le bénéfice du producteur; néanmoins ce bénéfice serait encore assez considérable s'il ne fallait en déduire l'intérêt de l'argent employé à l'acquisition des caves, dont quelques-unes ont été payées plus de 200,000 francs.

La fabrication du fromage de Roquefort a été essayée avec plus ou moins de succès dans d'autres départements que celui de l'Aveyron, mais on n'est pas encore parvenu à obtenir ailleurs des produits aussi parfaits que ceux qui viennent de Roquefort. Cependant, M. Vinson, à Bobigny, près Paris, et M. Martin de Lignac, dans la Creuse, ont obtenu des résultats très-satisfaisants.

Fromage de Sassenage. — On fabrique à Sassenage, dans l'Isère, un fromage estimé, en mélangeant ensemble du lait de vache, de chèvre et de brebis. Ce mélange, placé dans une chaudière, est chauffé sur un feu doux, puis versé dans un baquet où on le laisse reposer jusqu'au lendemain; on en retire la crème qui est montée à la surface, en ayant soin de la remplacer par du lait nouveau, et on met en présure.

Le caillé étant bien divisé est placé dans des moules percés de trous, on retourne le fromage trois heures après, et quand il commence à devenir un peu ferme, on le sale successivement des deux côtés, et on le place sur des tablettes, où il achève de se dessécher.

Pour affiner les fromages, on les étend sur de la paille et on les retourne de temps en temps, de manière à enlever toutes les moisissures qui pourraient se développer à leur surface.

Fromage du Mont-Cenis. — Le fromage que l'on fabrique au Mont-Cenis se fait avec des laits de vache, de chèvre et de brebis mélangés. Ce mélange est mis en présure, et lorsque le caillé est formé, on le divise avec les mains en agitant la masse pendant une heure, et en la pétrissant comme de la pâte; cela fait on laisse reposer et on décante le petit-lait.

Une moitié de la pâte est conservée dans du pelit-lait, pour la fabrication du lendemain. L'autre moitié, enveloppée dans une toile, est soumise à plusieurs pressions successives dans des cercles de diamètre de plus en plus petit.

Au sortir de la presse, on frotte les fromages tous les jours pendant deux mois avec du sel, et on les dépose sur un lit de paille, où ils restent trois ou quatre mois avant d'être livrés à la consommation.

§ XIV. — Fromages maigres du Luxembourg.

Nous avons vu que les meilleurs fromages se font avec le lait tel qu'il vient d'être trait, et que même quelquefois on y ajoute une partie de la crème de la traite précédente.

Mais il est une classe nombreuse de consommateurs pour laquelle ces fromages sont trop chers, et pour ceux-ci on fabrique des fromages d'un prix moins élevé auxquels souvent on laisse leur nom, quoiqu'on ait enlevé au lait tout ou partie de sa crème. Enfin, dans beaucoup d'endroits, on fait des fromages maigres, que l'on peut appeler fromages de ménage, parce que ordinairement chaque ménagère n'en fait que pour sa consommation.

Voici des notes que me transmet un cultivateur des environs du Luxembourg et qui pourront être utilisées par ceux qui voudront faire un bon fromage de ménage.

On laisse cailler naturellement le lait sans employer la présure. Après environ 24 heures en été, deux à trois jours en hiver, on écrème. 25 litres de lait donnent ordinairement 2 à 2 1/2 lit. de crème, de laquelle on obtient 2/4 à 3/4 kilog. de beurre. Le caillé sert à faire le fromage. Après que des 25 litres de lait on a ôté 2 1/2 litres de crème, il reste 22 1/2 litres ou kilog. de caillé, qui produisent 4 kilog. de fromage.

Avec le caillé seulement égoutté, on fait le fromage blanc, fromage à la pie, qui est consommé frais, assaisonné suivant les goûts, et dont partout dans les campagnes il se fait une grande consommation. Dans le Luxembourg, on fait, avec ce même caillé, deux sortes de fromages destinés à être conservés.

Fromage fort du Luxembourg. — Le premier est connu sous le nom de *fromage fort;* on le fait de la manière suivante : Quand le caillé est égoutté, on l'enveloppe dans un linge et on le met sous une presse, ou, à défaut de presse, entre deux planches percées de trous et que l'on charge d'une grosse pierre. On le laisse ainsi pendant environ 8 heures.

Au sortir de la presse, on l'émiette immédiatement et aussi fin que possible, au moyen des doigts ou d'une râpe, on y ajoute une suffisante quantité de sel, puis on le met dans une écuelle, où il reste environ 24 heures en été et 48 heures en hiver.

Après ce temps, lorsqu'il commence à s'échauffer, on l'étend sur un linge sec, où il reste pendant quelques heures pour refroidir et sécher un peu. De là on le remet dans la même écuelle où il doit fermenter. On reconnaît qu'il est arrivé au degré de fermentation voulu, lorsque la masse devient jaunâtre et exhale une légère odeur ammoniacale.

Il est à observer que plus la masse fermente et plus le fromage devient fort.

Cette fermentation étant terminée, on met le fromage dans un pot en fonte, on chauffe légèrement et on y ajoute, pour la quantité de fromage provenant de 25 litres de lait, deux œufs, 60 grammes de beurre, 4 cuillerées de crème et un petit verre d'eau-de-vie. On mélange exactement avec les mains, et on pétrit jusqu'à ce que la matière n'adhère plus aux doigts.

Cette masse est ensuite tassée dans un pot que l'on conserve dans un endroit sec et d'une température moyenne. Après environ huit jours, il se manifeste une nouvelle fermentation, la masse se gonfle et le fromage est fait. En le plaçant alors dans un endroit frais, il se conserve plus d'un an.

Quand ce fromage est trop fort ou qu'il a trop de piquant, on le mélange partiellement au fur et à mesure de la consommation avec du beurre frais. Il est à observer qu'il ne se confectionne pas bien pendant les grandes chaleurs de l'été.

Fromage fondu du Luxembourg. — La seconde espèce de fromage en usage dans le Luxembourg est le *fromage cuit*. Pour celui-ci, le caillé est traité tout à fait comme pour le précédent, jusqu'au moment où la masse a fermenté et exhale une légère odeur ammoniacale. Alors, pour la même quantité provenant de 25 litres de lait, on fait bouillir dans un pot de fer 1/2 litre de lait doux, on y ajoute le fromage et on remue continuellement, jusqu'à ce que la masse finisse par se fondre. On continue de remuer et on peut ajouter encore 1/2 litre de lait, si on veut le fromage moins épais. On peut aussi y ajouter deux œufs frais ; quelques personnes y mêlent un peu de poivre moulu très-fin. On le verse ensuite dans des écuelles ou des assiettes, et il est fait. Bien réussi, convenablement épais, il se conserve d'une année à l'autre.

On a fait la remarque que si on opère sur une quantité de lait plus considérable, on réussit mieux la fermentation, qui est le point essentiel dans cette fabrication.

Si l'on veut conserver pendant longtemps le fromage cuit, il faut, au lieu de lait, employer pour le fondre une suffisante quantité de beurre.

§ XV. — Fromage de pommes de terre, sérai, brocotte, remite, ricotte, brousses provençales.

Fromage de pommes de terre. — On fabrique aussi en Allemagne du fromage de pommes de terre. On cuit les pommes de terre à la vapeur, on les pèle, on les râpe et on les réduit en pulpe. On y ajoute alors du caillé frais, dans une proportion qui varie de 2 à 3 cinquièmes de caillé. On pétrit ensemble le caillé et les pommes de terre, on laisse ensuite reposer le mélange pendant trois à quatre jours, suivant la température, et on en forme des petits pains qu'on sale et qu'on fait sécher.

Brocotte, remite, ricotte, sérai. — En Suisse, dans le canton de Glaris, on fabrique avec du lait écrémé un fromage que l'on colore au moyen des fleurs du mélilot bleu, séchées et pulvérisées. On le nomme sérai vert ou fromage de Glaris, quoique le sérai soit le fromage obtenu du petit-lait. Le petit-lait qui s'écoule du caillé que l'on veut convertir en fromage contient encore des parties butyreuses et caséeuses. Il y a deux sortes de petit-lait, le vert qui s'échappe naturellement du caillé que l'on met égoutter, et le blanc qui sort du caillé soumis à l'action de la presse. Le dernier doit contenir plus de beurre et de fromage que le premier.

Si l'on met le petit-lait dans des pots et qu'on l'y laisse un ou deux jours, on enlève à sa surface une petite quantité de crème que l'on convertit en beurre d'une qualité inférieure.

Les vachers du Cantal mêlent au petit-lait qui s'écoule du fromage 1/12ᵉ de lait frais, ils laissent reposer le tout dans des vases de bois et, au bout de quelques jours, ils enlèvent une crème dont ils font un beurre blanc passable.

Quand le beurre en a été enlevé on peut encore obtenir un fromage du petit-lait. C'est ce fromage qui, selon les pays, porte les noms de sérai, brocotte, ricotte, remite, etc.

Pour obtenir la réunion des parties caséeuses contenues dans le petit-lait, il faut avoir recours à l'ébullition et à un agent plus fort que la présure.

On se sert pour cela de vin blanc, de vinaigre et de petit-lait aigre qu'on appelle aisy.

Pour préparer le sérai suisse, on met le petit-lait sur le feu dans la chaudière qui a servi à faire le fromage, et, quand il est en pleine ébullition, on y verse l'aisy, à la dose de au moins 10 pour 100 en mesure. On pousse le feu, et le sérai ne tarde pas à paraître à la surface.

Par la cuisson, cette matière forme une croûte bien agglomérée, et lorsque la séparation est complète, on retire la chaudière du feu, on enlève une écume mousseuse qui est à la surface, puis, avec l'écumoire, on sépare la croûte en gros morceaux qu'on jette dans le moule placé sur l'égouttoir. Lorsqu'il est complétement froid, le sérai forme une masse cohérente qui conserve la forme du moule. Le liquide qui reste dans la chaudière est mis dans des vases, où il aigrit et fournit l'aisy pour les cuites suivantes.

Le sérai frais (dit M. Masson-Four) est un aliment très-salubre, nourrissant et de facile digestion. On le mange, avec ou sans apprêt, dans une partie de la Suisse, où il tient lieu de pain. On peut aussi le conserver en le salant.

Brousses provençales. — Avec le petit-lait dont on n'a pas extrait le peu de beurre qu'il contient, on prépare le *brousso* à peu près de la même manière que l'on fait le sérai suisse. On met le petit-lait sur le feu, et à mesure que l'ébullition fait monter les parties solides qu'il contient, on les enlève avec une écumoire. On les met dans un moule à fromage, on laisse égoutter, et le tout prend une consistance homogène.

On mange le brousso dès qu'il est refoidi, ou au plus tard le lendemain. On peut y ajouter du sucre.

Le petit-lait, dégagé de toutes les parties butyreuses et caséeuses qui forment le brousso, possède alors de vraies propriétés rafraîchissantes.

§ XVI. — Conclusion.

M. Masson-Four, auquel j'ai emprunté une grande partie des détails que je viens de donner sur la fabrication des fromages, résume ainsi les principes qui assurent une bonne fabrication : — Fabrication autant que possible en grandes masses, parce qu'alors le fromage a une qualité moyenne et marchande, qu'il est sujet à moins d'accidents, qu'il se dessèche moins vite et se corrompt plus difficilement.

Pour arriver à cette fabrication en grand, on recommande particulièrement les associations connues en Suisse sous le nom de *fruitières*, et dont nous disons quelques mots un peu plus loin. — Usage d'une bonne présure et d'une force constante autant que possible. — Coagulation du lait à une température de 27 à 29° centigr., selon la saison, avec une dose de présure convenable, ni trop forte, ni trop faible.—Division exacte du caillé. — Séparation aussi complète que possible du petit-lait. — Salaison avec du sel pur et sec. — Soins attentifs dans le magasin. — Surveillance de tous les jours. — La plus grande propreté de tous les vases et ustensiles et de l'opérateur lui-même.

CHAPITRE V

CONSERVATION DES FROMAGES

La conservation des fromages est un point des plus importants, surtout pour ceux qui sont destinés à être embarqués. On doit avoir égard à leur consistance et à leur état de fermentation plus ou moins avancée dans les magasins ou chambres à fromage. Le mode de fabrication entre pour beaucoup dans leur durée. Ainsi il est reconnu que les fromages qui ont subi une forte pression, comme les fromages de Hollande, et dont la masse est compacte et ne présente pas d'yeux, se conservent plus facilement et plus longtemps que les autres.

La présure ne doit pas être trop fraîche; le petit-lait doit être totalement séparé du caillé.

Le rôle que joue le sel est fort important. L'addition de sel d'un côté et la maturation en magasin de l'autre ont pour but de procurer une fermentation lente ou une réaction graduelle entre les principes élémentaires du fromage. Plus la fermentation a été lente, et plus la saveur du fromage est franche, douce et agréable. C'est au moment précis où cette réaction a produit des combinaisons agréables au goût, qu'il faut consommer le fromage. Plus tôt il n'est pas fait; plus tard, il est dans un état plus ou moins avancé de décomposition.

Une cave où le vin se garde bien conserve également bien le fromage; mais le fromage et le vin s'excluent réciproquement.

Quelques fromages à pâte molle se mettent dans des boîtes de sapin ou de hêtre. Si on donnait à ces boîtes une couche de peinture à l'huile et si elles fermaient exactement, le fromage se conserverait plus longtemps. Les fromages de Hollande sont généralement recouverts d'un vernis à l'huile de lin, et c'est là, aussi, une des principales causes de leur inaltérabilité dans les voyages de long cours. On pourrait traiter de même d'autres fromages, tels que le gruyère. Le vernis soustrait les fromages à l'action de l'air et de l'humidité. Quant à l'action de la chaleur, on peut s'en garantir en couvrant le fromage d'une couche de charbon en poudre.

Insectes. — Les *insectes* qui attaquent les fromages sont :

Le *ciron* ou mitte des fromages (*acarus siro*), qui les dévore lorsqu'ils sont à demi secs. Ils éclosent sous la croûte, puis se répandent dans l'intérieur, où ils causent des pertes considérables. On doit toujours avoir le soin de brosser les fromages en magasin, de les essuyer avec un linge et de laver à l'eau bouillante les tablettes sur lesquelles ils reposent. Si, malgré ces précautions, les fromages sont attaqués par les cirons, on doit les frotter avec une saumure, les faire sécher, puis les enduire d'huile ;

Les *larves* de plusieurs mouches. La mouche vert doré (*musca cesar*), la mouche commune (*musca domestica*), la mouche stercoraire et surtout la mouche de la pourriture (*musca putris*).

On fait périr tous ces animaux par le vinaigre, la vapeur de soufre brûlé, le chlore. Lorsque le magasin en contient une grande quantité, on enlève les fromages, on les gratte, on les lave avec une eau légèrement chlorurée, on les fait sécher et on les essuie avec un linge.

Les tablettes et le plancher sont, pendant ce

temps, lavés avec de l'eau contenant en dissolution du chlorure de chaux et les murs sont blanchis à la chaux. Mais, avant ces moyens curatifs, le premier moyen préservatif à employer, c'est de garnir les fenêtres d'une toile métallique et de fermer soigneusement toutes les ouvertures par lesquelles les mouches peuvent entrer.

Si les fromages sont trop passés, c'est-à-dire sont arrivés à un état de décomposition très-avancée, on les met dans de la poudre de chlorure ou dans du charbon en poudre imbibé d'une petite quantité de sel. On enlève ainsi leur mauvaise odeur et on se hâte de les livrer à la consommation.

CHAPITRE VI

DES FRUITIÈRES

Dans la Suisse française, on nomme *fruitier* celui qui fait le fromage, et on a donné le nom de *fruitières* aux fabriques de fromages pour lesquelles un certain nombre de petits cultivateurs mettent leur lait en commun.

Il y a beaucoup de positions où l'éloignement des grands centres de population ne permettant pas de vendre le lait en nature, la fabrication du fromage est le meilleur moyen de le convertir en argent; et comme cette fabrication ne peut pas être profitable avec une trop petite quantité de lait, les petits cultivateurs s'associent pour apporter chaque jour, dans une laiterie commune, le lait dont ils peuvent disposer. Ces associations, qui ont pris leur origine dans les montagnes, ont été successivement introduites dans les villages de la plaine et, en France, dans quelques cantons voisins de la Suisse.

Un acte sous seing privé ou notarié est passé entre les associés. Ils élisent entre eux une commission et un président qui surveillent les intérêts de la société et l'exécution des clauses de l'association. Le fruitier est ordinairement un homme aux gages de la société. Chaque jour, matin et soir, chaque associé apporte son lait à la laiterie commune.

Les fruitières sont d'autant plus avantageuses que le nombre des associés est plus considérable, et en les établissant on cherche à y réunir 300 ou 400 litres de lait par jour dans la bonne saison. Quand on dépasse de beaucoup cette quantité, on est obligé de faire deux fromages par jour. Le nombre des vaches des fruitières varie de 50 à 100, selon les localités.

Les avantages que procurent ces associations sont fondés sur les faits suivants :

1° Le fromage n'est bon que quand il est fabriqué en grande masse [1] et avec de bon lait, récemment trait. Il est d'autant meilleur qu'il est conservé dans un local adapté à cet usage et soigné avec intelligence.

2° La fabrication est confiée à un seul homme qui, en faisant son unique occupation, acquiert dans les procédés de son art une grande pratique et de l'habileté; en travaillant sur de grandes masses, on emploie des procédés perfectionnés, inapplicables à de petites quantités, et qui fournissent des fromages d'excellente qualité.

3° L'achat des matières et des ustensiles nécessaires à la fabrication des fromages se faisant sur une grande échelle, l'économie qui en résulte profite à tous les associés.

4° Les petits cultivateurs peuvent obtenir des avances d'argent sur la part qui leur revient dans la vente des fromages. La fruitière devient ainsi pour tous une véritable institution de crédit.

Il serait à désirer que ces associations pussent s'établir dans beaucoup de cantons de la France, parce qu'elles font participer la plus mince quantité de lait aux avantages de la fabrication en grand..

[1] On remarquera qu'il est ici question de fromage de Gruyère.

Elles transforment le lait en des produits d'une vente facile ; elles laissent aux ménagères, déchargées des soins de la laiterie, tout leur temps libre pour d'autres travaux ; enfin, elles contribuent à augmenter le nombre des vaches par l'appât du produit en argent qu'on en obtient.

CHAPITRE VI

DE LA COMPOSITION DU FROMAGE ET DES ERREURS PRATIQUES DE SA FABRICATION

M. Vœlker, attaché en qualité de chimiste à la ferme expérimentale et école d'agriculture de Cirencester, a été chargé par la Société royale d'agriculture d'Angleterre de faire des recherches scientifiques sur la fabrication du fromage, et pour cela il a visité les principaux districts laitiers de l'Angleterre.

Dans le 22ᵉ volume du *Journal de la Société royale*, M. Vœlker rend compte de ses expériences; M. de la Tréhonnais, dans la *Revue agricole de l'Angleterre*, 4ᵉ année, 54ᵉ livraison, publie ce compte rendu, et c'est de là que j'extrais les notes ci-après, qui présentent un intérêt tout particulier pour tous ceux qui s'occupent de la fabrication des fromages.

Je laisse parler M. Vœlker.

« Comme règle, on peut affirmer que le meilleur fromage est produit dans les fermes où la maîtresse de la maison est elle-même à la tête de la laiterie, particulièrement si, à des habitudes d'activité et à une propreté scrupuleuse, elle réunit une intelligence supérieure. En fait, j'ai récemment eu de fréquentes occasions de remarquer la relation intime qui semble exister, d'une part, entre le bon fromage et la propreté, l'ordre, l'intelligence et l'ambition du progrès de la fermière, et, d'autre part, le rapport manifeste qui existe entre le mauvais fromage et la malpropreté, l'ignorance et l'entêtement de la routine.

« Cependant, dans les laiteries les mieux administrées, la fabrication du fromage est souvent pratiquée comme un art empirique, et, d'après nos meilleures autorités, les meilleures méthodes sont encore susceptibles d'un grand progrès, progrès dont l'importance est évidente, lorsqu'on considère le chiffre du capital engagé directement ou indirectement dans l'exploitation des fermes pastorales.

« Le premier point à observer est (pour me servir d'une locution irlandaise) que le fromage se trouve gâté avant d'être fait, c'est-à-dire avant d'être extrait du lait; en d'autres termes, faute de soins, le lait est souvent détérioré, et par conséquent le fromage se trouvant gâté dès le principe de sa formation, ne peut plus acquérir les qualités requises, ni même se conserver.

« Mes recherches m'ont aussi appris que certains pâturages produisent un fromage plus riche, même lorsque la crème a été enlevée, que d'autres pâturages, alors même que toute la crème du lait est réservée pour la fabrication du fromage.

« D'après ce que j'ai observé dans la pratique, et d'après ce que j'ai vu de mes propres yeux, j'ai été amené à conclure que l'application des os aux pâturages améliore la qualité de l'herbe, et par conséquent augmente la richesse du lait; mais, dans ce cas, la fabrication du fromage demande plus de soins que n'en exige celui que l'on produit avec un lait provenant de vaches nourries sur une terre pauvre.

« Tout en admettant que les aliments donnés

aux vaches influent sur la qualité du fromage, je suis néanmoins d'avis que les diverses manipulations pratiques exercent, sous ce rapport, une influence beaucoup plus grande.

« Chaque système de fabrication de fromage possède une supériorité particulière, mais aussi des défauts qui lui sont propres.

« Les procédés en eux-mêmes sont très-simples et s'accordent parfaitement avec les principes scientifiques, mais il paraîtrait que les méthodes judicieuses sont plutôt l'exception que la règle.

« Le lait, comme je m'en suis assuré par des analyses répétées, varie beaucoup dans sa composition, et, par cette raison, on doit s'attendre à de grandes différences dans la qualité du fromage.

« Le tableau suivant montre l'énorme différence qui peut exister dans les quantités relatives des diverses matières dont le lait est composé.

COMPOSITION DU LAIT FRAIS

	N° 1. — LAIT ANALYSÉ le 29 octobre 1860.	N° 2. — LAIT ANALYSÉ le 29 novembre 1860.	N° 3. — LAIT ANALYSÉ le 18 septembre 1860.	N° 4. — LAIT ANALYSÉ le 7 août 1860.	N° 5. — LAIT ANALYSÉ le 6 septembre 1860. — Lait du matin.	N° 6. — LAIT ANALYSÉ le 6 septembre 1860. — Lait du soir.
Eau.	85.90	85.20	86.65	87.40	89.95	90.70
Beurre.	7.62	4.96	3.99	3.45	1.99	1.79
Caséine.	3.51	3.66	3.47	5.12	2.94	2.81
Sucre de lait.	4.46	5.05	5.11	5.12	4.48	4.04
Matière minérale (soude). . . .	0.71	1.13	0.78	0.95	0.64	0.66
	100.00	100.00	100.00	100.00	100.00	100.00
Proportion de matières sèches.	16.10	14.80	13.35	12.60	10.05	9.30

« On pourrait croire que le lait du 6 septembre, qui contient 90 1/2 pour 100 d'eau, avait dû être mélangé d'eau ; cependant il n'en est pas ainsi, et je peux assurer que sa condition aqueuse était tout à fait naturelle ; mais le pâturage était pauvre et trop chargé de bétail, de sorte qu'une quantité insuffisante d'aliments avait pour effet de produire un lait non-seulement peu abondant, mais encore extraordinairement maigre.

« La quantité et la qualité des aliments et d'autres circonstances font surtout sentir leur influence sur la proportion du beurre, ce qui explique comment, dans certaines laiteries, on peut, tout en retirant du lait une quantité considérable de crème, produire cependant une meilleure qualité et une plus grande quantité de fromage, que dans une autre laiterie, avec une même quantité de lait dont on n'aura pas enlevé la crème.

« La seconde analyse donne 5 pour 100 de beurre, proportion fort au-dessus de la moyenne. Cette analyse a été choisie pour démontrer l'augmentation progressive de la richesse du lait, vers la fin de l'année. Les fabricants de fromage connaissent bien ce fait qu'en automne, lorsque les aliments verts deviennent rares, le lait diminue considérablement, mais que le poids du fromage qu'on peut obtenir d'une quantité donnée de lait est plus considérable qu'au printemps et en été.

« Les deux échantillons de lait provenaient de la même laiterie. Au mois d'août, le lait contenait à peine 3 1/2 pour 100 de beurre, et environ 5 pour 100 de caséine. En novembre, il rendait 5 pour 100 de beurre, et en outre 1/2 pour 100 de caséine de plus qu'au mois d'août. 1 litre de lait de novembre produit une quantité de fromage double de celle que fournit la même quantité de lait au mois d'août.

« Il est incontestable que les aliments donnés aux vaches ont une grande influence sur le lait; il est donc raisonnable de supposer que certains pâturages sont mieux que d'autres propres à la fabrication du fromage; mais en même temps c'est une erreur de croire qu'on ne peut faire de bons fromages que dans certaines localités, et que le caractère du pâturage donne seul la raison des différences énormes que l'on trouve dans la qualité de ce produit. Le bon fromage de vente, même celui qui se vend le plus cher, peut, à mon avis, être produit dans n'importe quelle localité, quel que soit le caractère du pâturage, si une main habile et une tête intelligente en dirigent la fabrication. D'un autre côté, le lait le meilleur et le plus riche qu'un bon pâturage puisse donner peut se trouver gâté, gaspillé, par une fille de laiterie sale et ignorante.

« Néanmoins, comme la nature de l'herbe, ainsi que tout le monde le sait, influe sur la richesse et surtout sur le goût du lait, et que l'herbe peut être plus succulente dans une localité que dans une autre, et varier même selon les saisons de l'année, on ne saurait soutenir que le fromage fin puisse se fabriquer indifféremment sur toutes les terres et à toutes les époques.

« Le fromage anglais est produit, soit avec du lait auquel on a ajouté de la crème, soit avec du lait pur, soit enfin avec du lait auquel on a retiré plus ou moins de crème avant d'y mettre la présure. Ainsi on obtient :

« 1° Des fromages à la crème ;

« 2° Des fromages de lait pur ;

« 3° Des fromages de lait écrémé.

« La première classe ne se fait qu'en quantités limitées ; c'est un article de luxe. La troisième fournit un élément important de la nourriture des classes ouvrières. On fabrique surtout les fromages maigres dans les districts où la production du beurre est aussi importante et aussi générale que celle du fromage.

« Il est évident que cette division en trois classes est arbitraire. Une addition de crème ne fait souvent que compenser la pauvreté naturelle du lait, et dans quelques laiteries, on obtient un fromage plus riche avec un mélange de lait du matin et de lait écrémé du soir, que dans d'autres avec du lait pur.

« L'habileté d'une fille de laiterie consiste surtout à fabriquer avec un lait médiocrement riche en crème un fromage riche au goût et à l'œil, et d'une saveur fine ; ce qui peut se faire, comme le prouve assez la pratique des bons fabricants.

« La proportion de beurre qu'il contient ne détermine pas entièrement la valeur du fromage.

« L'apparence particulièrement fondante du bon fromage, quoique due, jusqu'à un certain point, au beurre qu'il contient, dépend plus encore de la transformation graduelle que la caséine subit avec le temps [1].

« L'excès de sel gâte le fromage. Aucune espèce

[1] Le fromage n'atteint sa perfection qu'au bout d'un certain temps passé dans la cave ou chambre aux fromages. Ce temps varie suivant les espèces de fromage, et nous avons vu qu'il y a des fromages anglais qu'on attend jusqu'à deux ans. Ce temps est beaucoup trop long pour le fermier qui fabrique les fromages et qui cherche à les placer le plus tôt possible. Il y a un moyen fort simple de hâter la maturité des fromages qui doivent être consommés de suite : on les enveloppe dans un linge mouillé et on les place dans un endroit un peu chaud.

de fromage ne devrait contenir plus de 1 kilogramme de sel sur 50 kilogrammes de fromage,
et la plupart du temps 750 grammes suffisent am-
plement.

« Le fromage fait avec du lait écrémé est presque aussi nourrissant que l'autre; il devient dur et
se garde très-longtemps.

« Si l'on peut vendre ce fromage 60 centimes
le demi-kilogr. et le beurre 1 fr. 25 c. à 1 fr. 50 c.
le demi-kilogr., il est bien plus profitable pour le
fermier de ne faire que des fromages de lait écrémé,
et de convertir toute la crème en beurre.

« J'ai déjà dit : 1° que le fromage est souvent
dénaturé avant d'être séparé du lait ; 2° qu'il est
le plus fréquemment gâté dans le cours de la manipulation ; 3° enfin qu'il se détériore lorsqu'on le
garde soit trop longtemps, soit enfin dans des endroits peu propres à sa conservation.

« Le lait est quelquefois gâté par des doigts sales,
avant même d'avoir passé dans le seau. Si tous les
vases servant à la fabrication des fromages ne sont
pas tenus avec une rigoureuse propreté, passés à
l'eau bouillante et brossés, il ne faut pas s'attendre
à obtenir un fromage de première qualité, même
avec le lait le plus riche en crème. *La propreté est
la première qualité d'une bonne laitière.* L'eau em-

ployée doit être parfaitement bouillante, à une température de 100 degrés.

« Beaucoup de ménagères se méprennent sur cet état de l'eau et la croient bouillante lorsqu'elle ne l'est réellement pas encore. Si donc vous êtes amateur de bon thé, choisissez avec soin la personne à laquelle vous confiez l'opération de faire bouillir l'eau.

« Pour la facilité de les tenir propres, les vases en métal sont, dans une laiterie, préférables aux vases en bois.

« Le lait est souvent gâté par la proximité d'étables à porcs, de lieux d'aisances et de conduits souterrains. Si la laiterie est mal située, à l'exposition du midi, et qu'on ne puisse y conserver une température fraîche, il est probable que le lait tournera et que le fromage sera aigre. Il est donc important que les laiteries soient construites au nord.

« On commet souvent des fautes pratiques dans la préparation du fromage. En premier lieu, on ne met pas assez de soins à observer la température du lait, une fois que la présure y est ajoutée. On devrait toujours s'assurer de cette température par le thermomètre; les laitières sont généralement ennemies du thermomètre, et si même il y en a dans la laiterie, elles ne s'en servent pas.

« Une fois la présure ajoutée, si la température du lait est trop basse, la caséine reste trop molle, et il devient difficile de la séparer du petit-lait. Si, d'autre part, la température est trop élevée, la séparation se fait aisément, mais la caséine devient dure et sèche.

« En supposant toutes les autres opérations bien faites, le fromage dont la caséine aura été le mieux mélangée sera le meilleur, et plus on mettra de temps à cette opération, plus on enlèvera de petit-lait. D'après les analyses que j'ai faites de caséine prête à être mise dans la cuve, je regarde 50 p. 100 d'eau comme étant un peu au-dessous de la moyenne, et de 53 à 54 p. 100 comme la quantité d'eau convenable dans la caséine destinée à faire un fromage mince ou modérément épais. En faisant un fromage épais, on ne devrait pas avoir plus de 45 p. 100 d'humidité.

« La caséine est une substance particulière et délicate que la température affecte facilement. Les limites de température entre lesquelles la caséine peut se détériorer ou s'améliorer ne sont pas très-éloignées l'une de l'autre. La température exacte que l'on doit adopter dépend du genre de fromage qu'on veut faire. Pour un fromage mince, 21 à 24 degrés centigrades sont suffisants, tandis qu'il faut la porter de 25 à 28 degrés pour un fromage épais. Il convient, dans la saison froide, d'élever la température un peu plus qu'en été.

« Il est très-important que le petit-lait soit bien séparé de la caséine. Si cela n'a pas lieu, le petit-lait fait fermenter le fromage et lui donne un goût sucré quand il est nouveau, et très-fort quand il devient vieux.

« Pour éviter une trop grande proportion de petit-lait dans la caséine, il faut prendre le temps nécessaire pour permettre au petit-lait de s'égoutter suffisamment, et chauffer le lait avant d'ajouter la présure à une température qui varie de 21 à 28 degrés centigrade, selon que le fromage doit être mince ou épais, comme je l'ai dit tout à l'heure, et selon la saison de l'année.

« On peut aussi gâter le fromage en brisant la caséine avec trop de précipitation. Cette substance délicate doit être maniée par des doigts agiles et expérimentés, et demande beaucoup de soins et de patience. Si cette opération est trop hâtée et négligemment faite, la caséine se trouve rompue, d'une part, en fragments si petits qu'ils s'écoulent avec le petit-lait, et, d'autre part, en morceaux si gros, qu'ils ne peuvent se durcir suffisamment.

« Quand toutes les opérations ont été bien faites,

le petit-lait a la même couleur brillante que le vin du Rhin ; dans le cas contraire, il est coloré comme le lait et contient encore beaucoup de beurre.

« Quinze analyses de petit-lait m'ont donné depuis 0,14 jusqu'à 0,68 p. 100 de beurre. Lorsqu'on se rappelle que le lait de bonne qualité ne contient que 3 1/2 à 4 p. 100 de beurre, on voit que si le petit-lait contient plus de 1/2 pour 100 de beurre, le fromage est privé d'une portion considérable d'un de ses plus précieux éléments.

« On gâte souvent le fromage par l'emploi de mauvaise présure. Il y a pour la préparer beaucoup de recettes. Dans certains endroits, on la prépare tous les jours; dans d'autres, seulement deux fois par an. Je préfère ce dernier procédé, parce que, quand on est une fois sûr de la qualité et de la force de la présure, il n'y a plus qu'à en prendre chaque jour la quantité nécessaire pour obtenir avec certitude l'effet désiré, tandis que si on la prépare tous les jours, on n'a pas la même certitude de sa force.

« Je ne prétends pas expliquer la manière dont la présure agit sur le lait; je crois que c'est une de ces actions *sui generis* que nous ne connaissons jusqu'ici que par ses effets.

« On peut encore gâter le fromage lorsqu'on se sert de mauvais annatto comme matière colorante (annatto, roucou, bixa orellana). Le meilleur annatto est une substance sale, ayant une odeur désagréable. Ce serait une bonne chose si l'usage en était entièrement banni ; mais tant que le grand nombre préférera le fromage coloré à celui qui ne l'est pas, on emploiera l'annatto pour donner au fromage une couleur plus ou moins jaune.

« L'annatto du commerce est généralement une matière dégoûtante qui donne au fromage, non-seulement une vilaine couleur, mais encore un mauvais goût. Ce qu'il y a de bien supérieur à cet annatto solide, c'est l'annatto liquide, qui est simplement une solution alcaline de la matière colorante pure du bixa orellana.

« On gâte souvent le fromage en le salant trop. Une certaine quantité de sel est nécessaire, mais si on l'emploie avec excès, le fromage ne mûrit pas convenablement et n'acquiert pas ce goût fin qui dépend du degré de fermentation active qu'il a subi. Une trop grande quantité de sel, en arrêtant cette activité chimique, est donc nuisible à la perfection du fromage. Je l'ai déjà dit, on ne devrait, dans aucun cas, employer plus de 1 kil. de sel pour 50 kil. de fromage, et quand on fait des fromages très-riches, on trouve que 750 gr. ou même 500 gr. sont tout à fait suffisants.

« Enfin le fromage sera inévitablement de qualité inférieure, s'il a été salé d'une manière imparfaite, c'est-à-dire si le sel n'a pas été ajouté au fromage de la manière convenable. On ne devrait se servir dans les laiteries que du plus beau sel, dont on saupoudrerait la caséine à l'aide d'un tamis très-fin, après l'avoir passée elle-même au travers d'un moulin et l'avoir étalée.

« Il y a encore des erreurs pratiques commises fréquemment dans la conservation du fromage.

« Le fromage se détériore s'il est placé dans une chambre humide ou mal aérée.

« Nouvellement fait, il se gâte s'il n'est pas retourné fréquemment.

« Il ne mûrit pas comme il faut et n'acquiert pas de goût si la température de la chambre est trop froide. Une température au-dessous de 14 degrés centigr. doit être évitée. Le fromage se gâte aussi si la chaleur est trop forte. Si la température de la chambre s'élève au-dessus de 20 degrés centigr. le fromage tend à se déformer et à perdre ce tissu uni et compacte qui le caractérise lorsqu'il est bon.

« Le fromage est encore exposé à se gâter si la température de la chambre est trop variable. Une température uniforme de 18 à 20 degrés centigrade est, à mon avis, éminemment favorable à la maturité du fromage.

« Une des plus grandes améliorations récentes est certainement la régularisation de la température et le système de chauffage à la vapeur.

« Voilà quelques-unes des erreurs pratiques que j'ai remarquées dans nos laiteries. Il y a d'autres points importants de la fabrication du fromage auxquels je n'ai fait aucune allusion. Ce n'est pas par ignorance des besoins réels et pratiques du fermier. J'espère présenter plus tard d'autres faits, quand mes recherches seront assez avancées pour en justifier la publication. »

CHAPITRE VIII

PROFITS DE LA LAITERIE

Après avoir décrit la fabrication du beurre et du fromage, il me reste à parler des profits que l'on peut tirer de la laiterie.

D'après tout ce que j'ai dit précédemment, on doit comprendre qu'il n'est pas possible de déterminer en chiffres le produit des vaches et les profits de la laiterie. Il y a de trop grandes différences dans les races de vaches, dans leurs qualités individuelles et dans la manière dont elles sont nourries, comme il y en a dans la valeur mercantile des produits de la laite-

rie selon la position du cultivateur. « Il y a, dit
Thaer, des exemples de vaches qui, par une labo-
rieuse activité, dans le voisinage des villes popu-
leuses, ont produit une rente annuelle de plus de
600 fr.; d'autres où le produit en lait ne s'est peut-
être pas élevé à 10 fr. »

La *Maison rustique* (page 65, tome III) établit
un compte où le profit par tête de vache s'élève à
219 fr.; mais, dans ce compte, le lait est compté,
vendu à Paris, à 50 c. le litre, et je connais près de
Metz des fermiers qui se contentent de 10 c. par
litre.

Chez moi, une bonne vache qui, grasse, fournit
environ 500 kilogr. de viande, donne par an 3,000
litres de lait. Ce lait, à 10 c. le litre, donnerait
500 fr., ce qui serait un très-beau produit; mais
toutes les vaches ne donnent pas cette quantité, et
on n'a pas toujours la certitude de placer régulièrement le lait.

Dans toutes les fermes, il y a des vaches. Il en faut
pour les besoins du ménage, et je crois que le ménage des champs doit être dans l'abondance de laitage. Dans presque toutes les fermes, on élève des
veaux pour remplacer les vaches à réformer. Le
cultivateur craint de débourser de l'argent pour le
prix d une bête qu'il achète, et il compte que la bête

qu'il a élevée ne lui coûte rien. Il s'en faut que ce calcul soit juste d'une manière absolue, cependant, je crois que le cultivateur n'a pas tort de compter ainsi; il y a pour ceux qui calculent rigoureuse- ment un puissant motif pour élever, c'est que, dans bien des positions, il est difficile de trouver à ache- ter de bonnes vaches; quand on achète un animal, on court d'abord le risque d'être trompé, ensuite une vache qui change d'étable et de régime souffre de ce changement, et souvent ce n'est que quand elle y a fait un veau qu'elle est bien habituée à sa nouvelle étable.

Si on élève des veaux, on doit avant tout se pro- curer une bonne souche et n'élever que de bonnes bêtes. Ainsi, outre les bêtes d'attelage, il y a dans une ferme des vaches en nombre suffisant pour que le ménage soit dans l'abondance de laitage; il y a des élèves et on y engraisse les bêtes à réformer. Ordinairement tout cela ne suffit pas à la produc- tion du fumier, et si l'on n'a pas un troupeau de bêtes à laine, on a ordinairement des vaches dont on attend un profit en argent, en vendant chaque jour le lait frais, en en faisant du beurre ou du fromage.

Si un cultivateur qui débute me demande quel profit en argent il peut obtenir des vaches, je ne pourrai pas plus lui donner une réponse précise que si, voulant commencer à cultiver, il demande combien un hectare de terre lui donnera d'hecto-litres de blé et combien il lui produira en argent. Il y a des différences infinies dans les produits de la terre, comme dans les produits des vaches et de tout le bétail.

Il faut aussi faire entrer en ligne de compte les résidus de la laiterie qui restent dans la ferme, et dont on cherche toujours à tirer le meilleur parti.

On sait que le lait écrémé, s'il est trait depuis quelques heures seulement et qu'on n'ait enlevé qu'une partie de sa crème, forme la plus grande partie du lait que l'on vend dans les villes. Écrémé complétement, il est consommé dans le ménage pour la nourriture des gens, pour l'élevage des veaux et pour la confection des fromages maigres.

Le lait de beurre sert à faire des soupes pour les gens de la ferme; employé au lieu d'eau, il sert à fabriquer un pain très-agréable à manger et qui a l'avantage de se conserver longtemps frais; on en humecte le son, les pommes de terre qu'on donne aux oiseaux de basse-cour et aux porcs.

Le petit-lait, après qu'on en a extrait le sérai, four-nit une boisson dont on fait usage dans quelques parties de la Suisse. Il est souvent employé en médecine. Il sert à la nourriture des veaux et des porcs. Le petit-lait sert aussi au blanchiment des toiles fines. On en obtient par évaporation le sucre de lait impur du commerce.

Tous les résidus de la laiterie, eaux de lavage des ustensiles, petit-lait, lait de beurre, lait écrémé, conviennent très-bien à la nourriture des vaches laitières.

J'ai précédemment indiqué les quantités de lait que peuvent produire les vaches dans diverses localités, et on trouvera dans la *Nouvelle Maison rustique* des comptes des produits de la laiterie en argent. Mais tous ces comptes manquent d'une base certaine parce qu'ils n'indiquent ni le poids des bêtes, ni la nourriture qu'elles consomment. Pour les bêtes nourries dans de bons pâturages, comme elles y mangent à discrétion, il suffirait d'indiquer leur poids. On sait, et je crois que c'est moi qui, le premier, l'ai fait connaître en France dans mon *Manuel de l'éleveur de bêtes à cornes;* on sait quel est le rapport qui existe en général entre le poids d'une bête et la nourriture qu'elle consomme: donc, connaissant le poids de la bête, on peut calculer ce qu'elle mange, mais cette indication du poids des vaches ne se trouve nulle part.

Celui donc qui, ayant l'intention d'entretenir des vaches pour faire de la laiterie une industrie ou une spéculation agricole, celui-là devra faire lui-même ses calculs, d'après les bases posées dans le courant de ce livre. On doit d'abord savoir quelle nourriture on a pour les vaches à sa disposition; on se rappellera ce que j'ai déjà dit, « qu'une vache est comme une armoire, dont on ne peut sortir que ce qu'on y a mis. » On n'oubliera pas qu'il y a d'énormes différences dans la qualité des fourrages et que celui qui n'a que du foin ou du regain de prés aigres n'obtiendra jamais ce qu'on peut obtenir de bêtes nourries de très-bon foin ou regain, ou de trèfle ou luzerne produits par un sol calcaire.

Je connais des étables où les vaches nourries abondamment de bon foin, de drèche, de résidus d'une distillerie de pommes de terre et de tourteaux, donnent en lait des produits très-considérables et arrivent à un point de graisse remarquable. Ce sont là des positions exceptionnelles, mais qui font voir où l'on peut arriver, et qui prouvent qu'il n'est pas toujours avantageux de se tenir rigoureusement aux prescriptions de la science. Le rapport qui existe entre le poids d'une bête et la quantité de nourriture qui lui est nécessaire, donne une base très-utile pour faire des calculs, pour établir un budget de fourrage; mais dans la pratique, on trouvera qu'il est presque toujours avantageux de dépasser la quantité prescrite, si l'on veut obtenir des bêtes le plus haut produit qu'elles puissent donner.

Les ressources que l'on possède en fourrage étant connues, on doit voir par quelles vaches on peut les faire consommer. Si on les achète, on doit savoir d'où elles viennent et à peu près combien de lait elles produisent chez ceux qui les vendent; on peut au besoin constater chez soi ce produit sur un petit nombre de vaches. Si on veut élever, on doit faire tout son possible pour se procurer une bonne souche et ne pas craindre pour cela de faire quelques sacrifices en argent, en achetant pour la reproduction des laitières distinguées.

Quand on saura approximativement quelle quantité de lait on peut obtenir des vaches, on verra quel parti le plus avantageux on peut tirer du lait, soit en le vendant frais, soit en faisant du beurre ou du fromage. D'après tout cela et en n'oubliant pas de faire une large part aux accidents de toute espèce et aux pertes imprévues, chacun peut établir pour sa position particulière des calculs beau-

coup plus exacts que tous ceux que peut donner
un livre. J'ai fourni quelques matériaux, c'est à
ceux qui me liront de construire l'édifice.

CINQUIÈME PARTIE

COMMERCE

DU LAIT, DU BEURRE ET DES FROMAGES

CHAPITRE PREMIER

COMMERCE DU LAIT

---

§ 1. — Considérations générales.

Il y a cinquante ans, le lait se vendait dans
les grandes villes six liards la chopine, on le
vend encore aujourd'hui 15 c. le litre, et je con-

nais des fermiers qui livrent chaque jour à des laitiers leur lait au prix de 10 c. le litre.

D'autres que moi ont observé ce fait, et les partisans exclusifs des races de bêtes propres à l'engraissement en ont tiré la conséquence que, le lait étant relativement beaucoup moins cher que la viande, les concours institués par le gouvernement, et dont le but est l'amélioration générale du bétail, ne doivent pas s'occuper des vaches laitières, mais doivent réserver tous leurs encouragements pour les races particulièrement propres à l'engraissement.

D'un fait vrai, on me semble tirer une conséquence fausse. C'est, à mon avis, la concurrence qui fait le bas prix du lait. L'engraissement du bétail reste entre les mains des fermiers, des herbagers, des brasseurs, distillateurs, sucriers, et le marché pour les bœufs gras est si étendu que les engraisseurs ne peuvent pas se nuire l'un à l'autre.

Le lait, au contraire, n'est pas seulement fourni par les fermiers; tous les petits cultivateurs, tous les jardiniers, en si grand nombre autour des villes, ont chacun une ou deux vaches; la vente du lait est un petit revenu qui entre ordinairement dans la bourse de la ménagère, ou de ses filles; elles veulent en vendre le plus possible, et toutes se font concurrence ; de là le bon marché, de là aussi l'usage général d'ajouter de l'eau au lait que les citadins veuleut avoir à bon marché.

Les personnes qui tiennent à avoir de bon lait s'arrangent avec une laitière connue qui, chaque jour, leur en apporte et le fait payer un peu plus cher. D'autres achètent chez le laitier du lait, que celui-ci vend comme pur et qui n'est autre chose que du lait écrémé, elles prennent en outre une certaine quantité de petite crème, et par le mélange elles obtiennent un lait à peu près tel que l'ont produit les vaches, mais qui revient ainsi à un prix un peu plus élevé.

Quoi qu'il en soit, je crois en avoir dit assez, je pense, pour prouver que ce n'est pas la surabondance du lait qui amène son bas prix ; bien au contraire, je persiste à soutenir que les cultivateurs français produisent et consomment beaucoup trop peu de laitage.

On me comprendrait très-mal si on concluait de ceci que je suis partisan de vaches uniquement laitières et adversaire des races propres à l'engraissement. Il y a déjà très-longtemps que j'ai formulé mon opinion à cet égard dans mon *Manuel de l'éleveur de bêtes à cornes*.

Je prétends que la même vache peut être une bonne laitière et posséder la faculté d'engraisser facilement, parce que ces deux facultés ne s'exercent pas en même temps. La vache qui est maigre quand elle donne du lait en abondance, engraisse à mesure que la production du lait diminue. Les aliments qui produisaient d'abord du lait produisent plus tard de la graisse, et mon opinion est qu'on doit rechercher les vaches qui possèdent les deux qualités réunies, quand même elles les posséderaient à un degré moins élevé.

Cette opinion est au reste celle des plus exclusifs partisans de la race de Durham, qui soutiennent que dans cette race la faculté d'engraisser facilement n'exclut pas celle de produire beaucoup de lait.

Les faits ont une autorité plus puissante que tous les raisonnements. J'ai dans toutes les occasions recommandé la race du Glane. Elle n'a pas pour l'engraissement la perfection de la race Durham, et elle est susceptible de grandes améliorations, mais, telle qu'elle est, elle convient mieux aux circonstances locales qu'une race plus parfaite; les vaches sont bonnes laitières et engraissent facilement. Non-seulement les ménages sont dans l'abondance, mais encore le pays produit pour la vente une énorme quantité de bêtes. Le plus petit paysan, le manœuvre, ont une, souvent deux vaches, et tous élèvent, tous vendent ou une vieille vache, ou une génisse, ou un bouvillon, de sorte que, tandis que le fermier vend pour les grandes villes ses bœufs gras au prix de 120 fr. les 100 kilogr., les bouchers des petites villes trouvent à acheter des bêtes dont ils peuvent vendre la viande au prix de 35 ou 40 c. le demi-kilogramme. Il y a donc abondance de laitage et abondance de viande, et la réunion de ces deux productions, laitage et viande, amène le bien-être dans les familles et le progrès de l'agriculture.

Dans les précédentes éditions de mon *Manuel de l'éleveur de bêtes à cornes*, j'ai cherché à faire voir que la France et l'Allemagne se faisaient une guerre de douanes nuisible aux deux pays. Depuis, les énormes droits d'entrée sur le bétail étranger ont été supprimés, et les nombreux traités de commerce que l'on a faits dans ces derniers temps ont engagé les peuples dans une voie d'échanges internationaux dont ils tireront à coup sûr de grands avantages.

Je l'ai déjà dit, et je le répète, les Français ne mangent pas assez de laitage et pas assez de viande. S'ils entretenaient et élevaient plus de bétail, ils produiraient plus de laitage et plus de viande pour leur alimentation et plus de fumier pour leurs champs. Fort heureusement, le préjugé qui a discrédité pendant si longtemps la viande de vache commence à disparaître. Le concours d'animaux de boucherie qui a eu lieu à Poissy en 1865 a fait faire à la question un très-grand pas. Jamais on n'avait vu en France une si belle collection de vaches grasses. Bientôt, il faut l'espérer, les bouchers de Paris ne craindront plus d'afficher à leur étal la viande de vache[1]; alors les femelles de l'espèce bovine seront élevées en plus grand nombre dans nos exploitations, dans le double but d'en tirer à la fois du lait et de la viande, au grand avantage de l'agriculture nationale.

§ 2. — Transport et vente du lait.

Envoi journalier du lait vendu à la ville. --- Dans le voisinage immédiat d'une ville, on y envoie

---

[1] On vend tous les ans sur les marchés de Sceaux et de Poissy de 35,000 à 40,000 vaches. Cependant il n'y a pas à Paris un seul boucher qui consente à avouer qu'il débite à ses clients de la viande de vache, et pas un seul consommateur, peut-être, qui puisse apprécier la différence entre la viande de bœuf et celle de vache.

quelquefois le lait matin et soir. Si on peut le livrer à un laitier avec lequel on fait un traité, le fermier n'a pas à s'occuper de la vente en détail, et ce placement est à mon avis le plus avantageux pour lui. Si la ville est éloignée, on ne peut guère y envoyer que le lait d'une traite, et celui de l'autre traite est employé à faire du beurre ou du fromage.

Commerce du lait à Paris. — La consommation du lait à Paris est d'environ 250,000 à 300,000 litres par jour.

Avant l'établissement des chemins de fer, cette consommation était plus restreinte et n'était approvisionnée que par les laiteries placées dans un rayon de 25 à 30 kilomètres. Aujourd'hui, les transports à grande vitesse permettent d'exploiter un cercle de 100 à 120 kilomètres de rayon autour de Paris, et ont en outre le double avantage d'amener à la fois l'abondance et le bas prix du lait dans une ville de 1,700,000 âmes.

Cependant, malgré la rapidité avec laquelle se font les transports, le commerce du lait est assujetti à bien des vicissitudes, dont les plus fâcheuses sont :

1° La difficulté de conserver le lait à l'état doux jusqu'au moment de la consommation ;

2° Les méventes provenant du défaut de conservation et des caprices de la consommation, qui varie beaucoup d'un jour à l'autre.

Quoique le laitier connaisse approximativement la consommation moyenne de chaque jour, il lui est impossible de faire face à toutes les éventualités. Ainsi, par les temps secs, chauds en été, froids en hiver, tout le lait amené à Paris se vend, et il y a parfois insuffisance. Au contraire, quand il fait humide, quand le temps est lourd et pluvieux, la consommation est beaucoup plus restreinte.

Mais le laitier en gros, qui est tenu de prendre chaque jour livraison de la même quantité de lait, en vertu de traités passés avec les cultivateurs, ne peut pas remédier à cet état de choses. Il se trouve donc encombré, les jours de mévente, d'une quantité de marchandises ne pouvant se conserver seulement jusqu'au lendemain. Il est obligé d'en tirer le meilleur parti possible en faisant du beurre ou du fromage; mais, avec toutes les perturbations qu'a éprouvées le lait, il est facile de comprendre que le rendement en beurre est souvent insignifiant, et que la vente des fromages est aussi une faible rémunération pour une denrée dont les frais de transport et de manipulation s'élèvent à 5 centimes par litre en sus du prix d'achat.

On peut donc dire avec certitude que le laitier en gros perd plus de 50 0/0 sur tout le lait amené à Paris, et invendu en nature, quelque bon parti qu'il en tire en le transformant en beurre ou en fromage.

Si l'on considère l'étendue sur laquelle le lait est enlevé pour l'alimentation de Paris et le nombre de fournisseurs auxquels il faut s'adresser pour obtenir la quantité énorme de 250,000 à 500,000 litres chaque jour (à raison de 20 à 25 litres chacun en moyenne, ce qui en porte le nombre entre 12 et 15,000), on voit que le laitier en gros a fort à faire pour prendre livraison de son lait, le mélanger, l'emmagasiner dans un dépôt le plus voisin et le mettre dans des conditions de conservation telles, qu'après avoir séjourné de 8 à 10 heures dans le dépôt, avoir subi ensuite le trajet du chemin de fer pendant la nuit, il puisse être livré à la consommation le lendemain matin ; on comprendra qu'il est exposé à bien des risques, car c'est à lui qu'incombent toutes les charges. La marchandise lui est livrée plus ou moins pure, et il la livre de même à ses risques et périls. Il est bon de dire que quelques-uns augmentent volontairement leurs risques en ajoutant de l'eau au lait pour accroître leurs bénéfices.

Prix du lait en gros. — Le laitier en gros paye le lait aux producteurs à raison de 10 à 12 centimes le litre au lieu de 8 à 10 centimes autrefois (il y a moins de dix ans). L'enlèvement est à sa charge et il supporte nécessairement tous les frais de manipulation.

Ses dépôts de la campagne sont de vraies usines avec manéges, pompes, chaudières à bouillir, poteries, chevaux et voitures, et tout un personnel d'employés et de charretiers. Viennent ensuite les frais de transport par le chemin de fer et l'enlèvement aux gares de Paris pour la distribution chez les détaillants le matin avant l'ouverture de leur boutique.

En somme, les frais qu'occasionne l'approvisionnement de lait pour la ville de Paris s'élèvent au moins à 15,000 francs par jour, non compris les pertes pour défaut de conservation, méventes et autres accidents divers.

Le laitier en gros vend le lait aux détaillants à raison de 14 à 18 centimes le litre, suivant la saison, soit une moyenne de 16 centimes environ. On voit par le rapprochement des chiffres qu'il ne lui reste pas un centime de bénéfice par litre, bénéfice assez restreint eu égard aux risques de toutes sortes qui entourent cette profession, jusqu'à la prison, quand une saisie de lait suivie d'une analyse accuse un excès d'eau qui, souvent, est le fait d'un charretier distributeur.

J'ai dit que les laitiers en gros réunissaient dans leurs entrepôts, avant de l'expédier à Paris, tout le lait fourni par les cultivateurs avec lesquels ils ont des traités. Ils mélangent ensemble le lait de toutes les provenances, et pour qu'il puisse supporter sans avarie un transport parfois assez long, on le fait bouillir, dans une chaudière spéciale, au bain-marie.

La gravure 57 représente une chaudière de ce genre construite par M. Girard.

Le lait est introduit dans des récipients B (*grav.* 58) s'adaptant à la chaudière et contenant 20 litres de lait. Ainsi, dans un appareil semblable à celui que montre la gravure 57, on peut faire chauffer d'un seul coup 120 litres de lait. Cet appareil coûte 800 francs.

Une chaudière de 12 récipients, contenant ensemble 240 litres de lait, coûterait 1,400 fr.

Vases pour le transport du lait. — Quand le lait a bouilli, on l'introduit dans des pots C (*grav.* 59), bouchés hermétiquement et fermés avec un cadenas, ou, mieux encore, scellés avec de la cire, et on place les pots sur des voitures à claire-voie pour

Grav. 57.
Chaudière employée par les laitiers pour faire bouillir le lait.

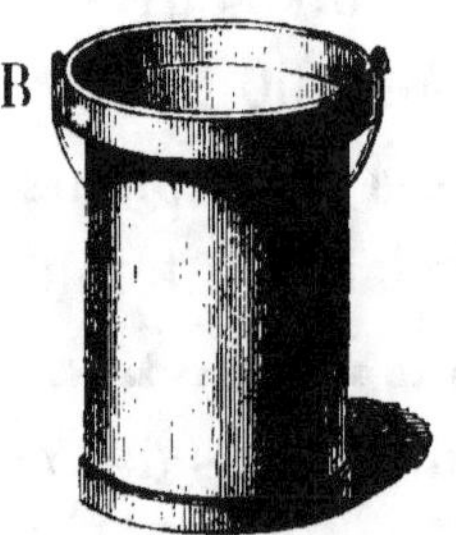

Grav. 58.
Récipient de la chaudière.

le transport au chemin de fer. Des wagons de forme
particulière les amènent à Paris, où ils sont immédiatement chargés sur d'autres voitures à claire-
voie et distribués chez les laitiers, qui revendent le
lait au détail.

Grav. 59.
Vase pour le transport du lait.

On annonce à Vienne, en Autriche, des vases destinés au transport du lait, qui se recommandent par
une fermeture facile à manœuvrer et qui bouche hermétiquement. Ces vases, en tôle émaillée, sont placés chacun dans une caisse en bois, et entre le fer-
blanc et le bois il reste un vide que l'on remplit
avec une substance mauvaise conductrice de la chaleur, telle que de la sciure de bois, du tan, de la

bourre. Le lait ainsi soustrait aux influences de l'air, de la chaleur et du froid, doit se trouver à l'arrivée à la même température où il était au départ, circonstance favorable à sa conservation.

Les pots qui servent au transport du lait ont généralement une contenance de 20 litres.

Tarif des chemins de fer pour le transport du lait. — Sur toutes les lignes de chemin de fer, le prix à percevoir pour le transport du lait à grande vitesse n'est pas uniforme ; cependant il est en général fixé à 0 fr. 28 par tonne et par kilomètre, par expédition de 50 litres au moins.

Le lait est taxé d'après son poids cumulé avec celui des boîtes, mais le retour des boîtes vides se fait *franco*.

Le chargement et le déchargement du lait sont faits par les soins et aux frais des expéditeurs et des destinataires.

Quelle que soit la distance parcourue, le minimum de la perception est fixé à 0 fr. 40 par expédition.

Les expéditions de lait inférieures à 50 litres sont taxées d'après le tarif général des articles de messagerie et marchandises à grande vitesse, à moins qu'il n'y ait pour l'expéditeur avantage à payer le tarif pour 50 litres au prix ci-dessus.

Les chargements par wagon complet d'au moins

5,000 kilogrammes sont soumis à un tarif spécial, qui est toujours plus avantageux pour l'expéditeur que les expéditions par quantités occupant moins d'un wagon.

Prix du lait en détail. — Nous avons vu que le lait, acheté par les laitiers en gros 10 à 12 centimes le litre, est revendu aux détaillants 14 à 18 centimes. Ces derniers le livrent à la consommation aux prix de 25 à 55 centimes.

Le lait des vaches élevées à Paris par les nourrisseurs se vend à peu près le même prix, mais il est loin d'être aussi bon et surtout aussi sain que celui qui vient de la campagne.

Quant au lait d'ânesse, il ne donne lieu qu'à un commerce assez restreint, et le prix en est fort élevé.

CHAPITRE II

COMMERCE DU BEURRE

—

Le beurre donne lieu, en France, à un mouvement d'affaires considérable.

Les petites villes sont approvisionnées par les cultivateurs du voisinage, qui y apportent toutes leurs denrées les jours de marché.

Dans les grands centres de population, les chemins de fer amènent tous les matins la quantité de beurre nécessaire à la consommation de chaque jour. En outre, le commerce d'exportation, qui a augmenté du simple au sextuple depuis un quart de siècle, ne peut pas être évalué aujourd'hui à moins de 6 millions de kilogrammes de beurre salé par an, qui, au taux moyen de 2 fr. 60 c. le kilogr., selon le chiffre adopté en 1860 par la Commission permanente des valeurs, instituée au ministère de l'agriculture, du commerce et des travaux publics, donnent un total de plus de 15 millions de francs.

La consommation parisienne absorbe à elle seule 10 millions de kilogrammes de beurre par an, soit à peu près 27,000 kilogrammes par jour.

Les beurres qui jouissent de la plus grande réputation sont ceux d'Isigny. La production d'Isigny est fort restreinte, mais la plupart des beurres du Cotentin et de la basse Normandie sont expédiés à ce marché, et ils arrivent de là à Paris sous le nom de beurres d'Isigny.

Les beurres frais d'Isigny se trouvent en mottes dont le poids varie de 5 à 20 kilogrammes ; elles sont enveloppées dans des linges de toile, placées dans des paniers en osier, et elles arrivent ainsi à Paris.

Les beurres salés viennent dans des pots en grès.

Les beurres qui arrivent de Gournay (Seine-Inférieure), et auxquels on donne la préférence après ceux d'Isigny, sont également expédiés en mottes enveloppées de toiles et renfermées dans des paniers.

Il vient aussi à Paris une très-grande quantité de beurres en livres de 500 grammes, dont la forme varie selon les pays de production. Dans la plupart des départements qui avoisinent Paris, on donne à ces livres la forme d'un pain allongé ou rond.

Les petits beurres, qui se vendent à un prix moins élevé que les autres, sont formés de morceaux de différentes grosseurs emballés dans des paniers, sans autres précautions.

Les beurres se vendent à la criée à la halle de Paris, par l'entremise de quatre facteurs nommés par l'administration, et dont la gestion est garantie par un cautionnement. Ils perçoivent sur le prix de la vente un droit de 5 0/0, dont 4 pour la ville et 1 pour leur commission.

Le beurre qui entre directement dans Paris acquitte un droit d'octroi de 10 fr. par 100 kilogr., décime compris.

Le tarif des chemins de fer pour le transport des beurres par expédition de 50 kilogrammes au moins est de 0 fr. 28 par tonne et par kilomètre.

Le prix du beurre à Paris varie dans des limites très-étendues selon la saison. Le prix ordinaire,

du beurre d'Isigny, au mois de juillet, est de
3 fr. 50 à 4 fr. le kilogr. Les petits beurres se vendent de 1 fr. 30 à 1 fr. 40.

Nous avons vu précédemment (p. 56) que, d'a-
près la statistique officielle, le prix moyen d'un kilogramme de beurre, pour toute la France, est de
1 fr. 50.

CHAPITRE III

COMMERCE DES FROMAGES

Quoique la France produise des fromages très-estimés, son commerce d'exportation n'a jamais eu une grande extension ; aujourd'hui encore, il ne dépasse guère 1 million de kilogrammes, tandis qu'on évalue à plus de 6 millions de kilogrammes le contingent qui nous est fourni par l'étranger.

Mais si le commerce d'exportation est limité, en revanche, le commerce intérieur ne manque pas d'une certaine importance. La production des fromages de Brie, dans le département de Seine-et-Marne, s'élève à 12 millions de francs ; Roquefort produit annuellement plus de 800,000 kilogr. de fromage, dont la valeur approximative est de près de 3 millions de francs. Les fromages de Gruyère se fabriquent et se vendent également sur une très-grande échelle, et l'on peut estimer à 10 millions de francs la somme qu'ils produisent chaque année. On peut juger par ces trois chiffres de l'importance de la fabrication du fromage en France; et si l'on y ajoutait la valeur des fromages frais et des fromages de diverses sortes fabriqués à Neufchâtel, Camembert, dans les Vosges, à Sassenage, dans l'Auvergne, etc., on arriverait certainement à un total fort élevé.

Dans la Suisse française, où la fabrication des fromages de Gruyère se fait par association, les produits de la fruitière sont souvent vendus en bloc, à des époques déterminées, à des négociants qui sont liés par des traités aux associés de la fromagerie. Voici, d'après le *Dictionnaire du Commerce*, le modèle d'un de ces contrats de vente :

«Entre les sieurs A., B, C, en leur qualité de mandataires et administrateurs de la fromagerie dite ....., d'une part;

«Et le sieur X..., négociant, domicilié à ....., d'autre part;

« Ont été arrêtées les conventions suivantes :

« ART. Ier. — Les associés de la fromagerie de ....,
par le ministère desdits administrateurs, vendent
audit sieur X... tous les fromages faits ou à faire
jusqu'au 12 novembre de la présente année, tels
qu'ils sont actuellement et se trouveront à l'époque
des livraisons ci-après indiquées, prélèvement fait
de ceux que les fermiers doivent à leurs maîtres.
(Si quelqu'un s'en réserve un ou deux, il faut l'exprimer.)

« ART. II. — Les fromages seront pesés sur la balance de la fromagerie, après qu'elle aura subi le
contrôle du vérificateur des poids et mesures. Ils
seront pesés avec la précision convenable, de manière à contenter toutes les parties.

« Il y aura trois pesées : la première sera faite
le ... prochain ; la deuxième sera faite le ... prochain, et la troisième le 12 novembre prochain,
sans aucune diminution pour les blancs.

« ART. III. — Le prix est fixé à raison de ... les
50 kilogr., payables immédiatement après la dernière pesée et la livraison des fromages. Le marchand devra, de plus, des étrennes convenables au
fromager, selon l'usage du lieu (15 centimes par
pièce de fromage).

« Faute par l'acheteur de prendre livraison aux

jours fixés, il payera 5 francs par jour de retard à titre de dommages, tant pour indemniser la fruitière de la dépense du sel que pour la détérioration des fromages et le retard de payement. Cette somme sera due sans qu'il soit besoin de mise en demeure.

« ART. IV. — Les parties font élection de domicile, savoir : les vendeurs (en la présence de l'un d'eux) et l'acheteur au domicile du maire de la commune. Pour l'exécution de cette convention, on se conformera à l'article 111 du Code Napoléon.

« ART. V. — En cas de nécessité d'enregistrer le présent, les frais seront payés par le marchand.

« Les vendeurs reconnaissent avoir reçu à compte du prix, et à imputer sur la première pesée ou livraison, la somme de...

« La présente convention sera interprétée d'après l'usage du pays.

« Fait double entre les parties, tous les associés étant considérés comme ayant le même intérêt.

« A Y..., le ... 186.. »

(Suivent les signatures.)

A Roquefort, les fromages nouveaux, qui se vendent à la fin d'août, s'expédient généralement en caisses de quatre pains. Les fromages de conserve, vendus à partir du commencement d'octobre, s'expédient en caisses de dix à douze pains.

Les fromages de Brie au grand moule se vendent par dizaines, de 25 à 35 fr., quand ils sont gras; les fromages maigres affinés valent de 12 à 15 fr.

Les fromages de Neufchâtel, de Livarot, de Camembert et de Marolles se vendent par douzaines; ceux du Mont-d'Or par boîtes de 100 fromages.

Les fromages qui alimentent la ville de Paris sont vendus directement de producteur à négociant, ou bien à la criée, par l'intermédiaire de facteurs qui perçoivent sur le produit net 2 1/2 p. 100, sur lesquels 1/2 p. 100 rentre dans les coffres de la ville. Les droits d'octroi acquittés sur les fromages secs sont de 9 fr. 50, non compris les décimes de guerre.

On ne peut pas évaluer à moins de 1,500,000 fr. la recette brute que donne par an le marché à la criée de Paris.

Voici quels sont les prix des fromages dans les lieux de production et à Paris :

FROMAGES.	QUANTITÉS.	PRIX	
—	—	dans les lieux de production.	à Paris.
Gruyère.. . . .	100 kilogr. . .	100 à 125	125 » à 150 »
Roquefort.. . .	*id.*	220 à 250	250. » à 350 »
Septmoncel. . .	*id.*	— —	250 » à 260 »
Auvergne.. . .	*id.*	82 » .	— 100 »
Hollande. . . .	*id.*	— —	150 » à 180 »
Parmesan.. . .	*id.*	— —	— 260 »
Chester.. . . .	*id.*	— —	— 260 »
Brie { gras. . .	la dizaine.. . .	25 à 35	50 » à 35 »
{ maigres..	*id.*	12 à 15	15 » à 18 »
Neufchâtel. . .	la douzaine.. .	— —	— 2 40
Mont-d'Or.. . .	le cent.. . . .	— —	— 27 »
Livarot.. . . .	la douzaine.. .	— —	8 » à 9 »
Camembert.. .	*id.*	— —	7 » à 8 »
Gérardmer. . .	100 kilog. . .	— —	70 » à 80 »
Marolles. . .	la douzaine.. .	— —	1 20 à 1 70

Les fromages sont tarifés sur les chemins de fer au prix de 0 fr. 28 par tonne et par kilomètre pour les expéditions de 50 kilogrammes au moins. C'est, comme pour le beurre, le tarif le plus élevé de toutes les denrées agricoles.

Nous avons vu précédemment (p. 56) que la statistique officielle évalue à 75 centimes le prix moyen des fromages fabriqués en France.

Je n'ai dit que quelques mots du commerce du lait, du beurre et des fromages, parce que ce commerce est généralement connu de tout le monde, mais en terminant cet ouvrage, j'insiste encore une fois sur la nécessité de faire à la laiterie, dans les exploitations rurales, une part un peu plus large; ne lui marchandons ni l'air, ni l'espace, ni les soins, et nous ne nous en trouverons pas plus mal.

Mon petit livre n'a d'autre but que d'appeler sur ce sujet important l'attention des cultivateurs, et je me tiendrai pour satisfait s'il inspire à quelques-uns l'idée d'étudier cette branche importante de l'industrie rurale, qui peut encore recevoir tant de perfectionnements utiles..

FIN

TABLE DES MATIÈRES

PREMIÈRE PARTIE

DU LAIT

DEUXIÈME PARTIE

DE LA LAITERIE

TROISIÈME PARTIE

DU BEURRE

QUATRIÈME PARTIE

DU FROMAGE

CINQUIÈME PARTIE

COMMERCE DU LAIT, DU BEURRE ET DES FROMAGES

TABLE ANALYTIQUE

TABLE ALPHABÉTIQUE DES GRAVURES

——

A

B

G

H

L

M

P

S